KB088956

단단한 아이로
자라게 하는
운동 습관

Copyright ⓒ 2021, 송준천
이 책은 한국경제신문 *i* 가 발행한 것으로
본사의 허락 없이 이 책의 일부 또는 전체를 복사하거나 무단 전재하는 행위를 금합니다.

# 단단한 아이로 자라게 하는 운동 습관

송준천 지음

한국경제신문 $i$

공부만 잘하는 아이는 많다. 운동만 잘하는 아이도 많다. 하지만 어느 하나가 아니라 둘 다 잘해야 하는 시대가 되었다. 소통이 부족한 사회가 되어버린 탓에 이타심이 부족해 이기적인 행동들을 하는 아이들이 많아졌다. 올바른 인성을 가지고 예의가 있는 아이들이 많지 않다.

하지만 운동을 시작하면 이 모든 문제점이 해결된다. 내가 아닌 '우리'를 배우는 과정이 운동이다. 이기적인 태도를 보이는 것은 아이들이 문제일까? 아니다. 부모의 문제가 아이로 드러나는 것이다. 부모와 아이와 함께 커가야 하는 이유가 여기에 있다.

나는 아이들의 운동, 공부, 습관, 인성 모두를 함께 만들어가고 있다. 아침 운동과 오후 운동을 통해 단단한 체력과 기술을 배운다. 그리고 감독 선생님과 담임 선생님의 협조를 통해 교실에서의 공부 태도를 점검하고 평가한다. 이 평가는 대회출전 여부와 자체 평가전에 큰 영향을 미친다. 또한, 작은 습관들을 매일 반복적으로 실시한다. 저금, 청소, 감사를 하는 태도와 자신감을 가지는 습관을 가질 수 있도록 학교 안에서의 교육, 네이버 카페 등을 이용한 전달, 유튜브 등을 활용해 여러 가지 방면으로 노력하고 있다.

이 책을 통해 운동부의 편견과 지도자의 편견도 바뀌었으면 하는 바람이 있다. 선진국인 미국과 일본의 경우 지도자의 가치가 상당히 높다. 하지만 우리나라 스포츠 지도자들의 처우나 인식은 그렇지 못하다. 나는 최고의 코치로 자리 잡고 싶다. 그 욕심이 나를 일으켜주었다. 힘들었다. 하지만 힘들어도 하겠다고 다짐했다. 그 이유는 제자들이 있기 때문이다. 내가 변화하지 않으면 안 된다고 생각했다.

시대가 변했다. 지도자들도 시대에 맞춰 변화해야 한다. 배우지 않으면 뒤처지게 되어 있다. 받아들이지 않으면 발목을 잡히게 되어 있다. 그래서 유튜브를 시작했고, 블로그도 시작했다. 또한, 항상 가방에 책을 한두 권 넣고 다닌다. 사람의 기억력은 그렇게 오래가지 않는다. 집에 오면 아까 했던 생각들이나 들었던 내용이 머릿속에서 사라지거나 작게 깨진 유리처럼 흩어지고 없다. 그래서 난 매일 공책을 가지고 다닌다. 책을 읽다가 가슴을 치는 문구나 명언이 있으면 바로 그 자리에서 밑줄을 긋고 공책에 적는다.

이 책을 쓰면서 시우, 지윤, 두 딸과 많이 못 놀아줘서 참 미안하다. 운동부를 더 신경 쓴다고 딸들을 소홀히 대했다. 이 책을 빌어 미안하고 사랑한다고 전하고 싶다. 또한, 아내의 희생이 없었다면 이 책은 나오지 못했을 것이다. 처음에는 내가 책을 쓰는 것을 믿지 못했던 아내는 이내 내 의지와 내가 변화하는 모습을 보고 많은 지지를 해주었다. 또한, 주말과 평일에 원고를 쓴다고 집에 무심했던 나를 이해해주었다. 지난 모든 시간을 희생해주고 양보해준 아내에게 책을 통해 감사함을 전한다.

그리고 부족한 선생님 밑에서 열심히 한 나의 제자들에게 고맙다고 말하고 싶다. 그리고 항상 내 편에서 열심히 지원해주시는 학교 관계자분들과 충남소프트테니스협회 전익범 회장님에게도 감사를 전한다. 늘 함께해준 감독 선생님들에게도 감사하다고 전하고 싶다. 그리고 이 시작을 할 수 있게 해준 한책협 김태광 대표님에게도 감사드린다. 그리고 항상 나를 생각해주시는 조병민, 이종식, 고복선 선생님에게 감사드린다.

이제 시작이다. 나는 "나의 내면 세계가 외부의 세상을 만든다"라는 말을 좋아한다. 나의 작은 노력이 모여 대한민국 초등 아이들이 조금이라도 건강하고 행복한 운동 생활을 했으면 한다.

송준천

# 목 차

# 1장
## 공부와 자존감 향상,
## 운동에 답이 있다

# 01

# 공부와 자존감 향상, 운동에 답이 있다

나는 공부도 잘하고 운동도 잘하는 아이들을 지도하고 싶었다. 하지만 현실은 많은 아이들이 공부만 하고 운동을 하지 않으려 한다. 공부는 잘하지만, 운동은 전혀 하지 않는 아이들이 있다. 운동은 좋아하지만, 공부를 전혀 하지 않는 아이들도 있다. 나는 내가 할 수 있는 운동을 통해 공부와 운동을 둘 다 잘하는 아이들로 지도하고 싶어졌다.

나는 전국 1등 선수가 아니었다. 초등학교 4학년 때, 나는 약하고 키 작은 아이였다. 시합하면 매일 넘어지고, 울면서 집에 돌아갔다. 지는 경기가 많아지자 자신감이 떨어졌다. 그래서 여름방학과 겨울방학은 훈련에 참여하지도 않았다.

5학년이 되어 감독 선생님이 바뀌었다. 나에게도 기회가 찾아왔다. 시합을 나가게 되었는데, 심장이 터질 듯 뛰었다. 태어나서 처음 느끼는 경험이었다. 하지만 그날 시합에서 지게 되었고, 집에 돌아와 울었다. 그리고 1년 동안 라켓을 가져와서 집에서도 스윙 연습을 했다. 그때 처음으로 혼자 훈련했다. 30년이 지난 지금도 그 장면이 머릿속에 자리 잡고 있다. 1년 뒤, 시·도 대회에서 우승했다. 자신 없는 아이에서 자신 있는 아이로 변했다.

초등학교 3학년 때부터 지도한 A 아이가 있다. 3학년 때부터 소프트테니스를 하고 싶어 하루도 빠짐없이 훈련에 참여했다. 그런데 A에게는 같은 학년이 없었다. 그래서인지 20분 정도만 하고 학원으로 도망치듯 갔다.

4학년 5월에 신입생 다섯 명을 추가 모집했다. A가 알고 있던 친구들이 들어오자 학원보다는 소프트테니스장에 있는 시간이 길어졌다. 처음에는 실력 차이가 났는데, 신입생 친구들이 흥미를 느끼고 학원을 줄이기 시작했다. 운동 시간이 많아지면서 실력 차이가 점점 좁혀졌다. 5학년 1학기가 되자 그 차이는 보이지 않았다. 또한, 전에는 없던 행동들을 보이기 시작했다. 예전에는 학원에 갔다가 바로 집으로 갔다. 그런데 지금은 학원에 갔다가도 다시 운동하러 왔다.

6학년이 되던 해 1월, 대회가 시작되었다. 6학년으로 나가는 첫 대회에서는 난 기대가 되기보다는 경험이 중요하다는 생각을 했다. 그런데 개인 복식(두 명이 팀을 이루어서 하는 경기)에서 A와 B라는 아이가 개인전 3위를 했다. 3위를 하는 과정에서 자신감이 올라간 A를 보면서 나는 미소가 지어졌다. 왜 자신감이 중요한지 그때 더 절실히 느꼈다. 그 자신감은 단체전(여섯 명 이상 경기하는 것)으로 이어지면서 우승까지 하게 되었다.

공부는 누군가 도와주는 것이 아니라 스스로 하는 것이라고 한다. 하지만 운동은 그렇게 할 수가 없다. 행동, 인내력, 협동심, 배려 등 여러 가지 요소가 필요하다. 내가 아닌 우리가 되어야 한다. 학교는 작은 사회다. 어른이 되어서 사회로 진출하게 되었을 때, 아무리 좋은 똑똑한 사람이라도 사회성이 없다면 아무도 인정해주지 않는다. A처럼 서로 선의의 경쟁을 통해 성장하는 아이들로 이끄는 것이 진정한 교육이라 말할 수 있지 않을까?

2020년, 우리 학교에도 위기가 찾아왔다. 아니, 이것은 우리의 위기가 아니라 전 세계의 위기라고 할 수 있다. 우리의 첫 우승도 잠시, 2월부터 코로나로 인해 6월까지 운동을 하지 못했다. 우리는 좌절했고, 그 중간에 A는 운동을 포기하려고까지 했다. 그렇게 8월에 시합이 있었다. 운동을 하는 내내 우리는 모두 표정이 어두웠다. 전의 실력은 어디에도 없었다. 하지만 자신감 하나로 다시 시작했다. 대회가 시작되었고, 과연 우리는 어떻게 되었을까?

단체전 우승, 개인전 우승이라는 두 마리 토끼를 잡았다. A의 상대가 바뀌게 되어 B라는 아이와 팀을 이루어 우승했다. 그다음 개최된 10월 대회에서도 단체전 준우승, 개인전 우승을 했다. A

는 이번에는 C라는 아이와 팀을 이루어 우승했다. 11월에 A에게 중학교에 특기생으로 갈 것인지 물었다. A는 자신 있게 대답했다. "저는 공부도 하고 운동도 해서 체육 선생님이 될 거예요."

난 모든 스포츠를 좋아하지만, 특히 NBA 농구는 미치도록 사랑한다. 사랑한 나머지 유튜브를 통해 마이클 조던 경기를 50번도 넘게 찾아보았다. 그러면서 마이클 조던(Michael Jordan)에 대한 자료를 읽게 되었다.

'스토리 메이커' 조던의 아버지는 티셔츠를 주면서 200불에 팔수 있겠냐고 제의했다. 조던은 그 옷을 받아 들고 깊은 고민에 빠졌다고 한다. 그러던 어느 날, 〈미녀 삼총사〉의 파라 포셋(Farrah Fawcett)이 뉴욕에 온다는 소식을 듣게 되었다. 조던은 그녀가 기자회견을 마치고 나오자 경호원을 제치고 뛰어들어가 그녀 앞에 헌 옷을 내밀며 사인을 부탁했다. 그녀는 깜짝 놀라며 당황했지만, 이내 미소를 지으며 멋지게 사인을 해주었다. 그리고 그 옷을 팔아도 좋다는 허락도 함께 받았다. 조던은 기뻐하며 집으로 달려갔다. 그 옷은 무려 1,200달러에 어느 석유상에게 팔렸다. 그날 아버지는 감동의 눈물을 흘리며 조던에게 이렇게 말했다. "내 아들, 정말 대단해."

그날 밤, 아버지는 조던에게 물었다. "옷을 팔면서 무엇을 느꼈니?" 조던은 말했다. "무엇이든 조금만 더 생각하고 노력하면, 가치를 높일 수 있다는 생각이 들었어요" 아버지는 조던에게 "아무리 어려워도 너에게 옷을 팔게 시키고 싶지는 않았단다. 단지 우리가 처한 환경이 가난하고 피부색이 좀 검다고 하더라도 남들에게 뒤처지게 살지 않을 방법을 너에게 가르쳐주고 싶었어." 조던은 그날 이후부터 공부와 운동에 매진하게 되었다.

마이클 조던의 성공 비결은 어릴 적 아버지의 살아 있는 교훈과 부족함을 딛고 나아간 결과라 생각한다. 현실에 안주하지 않고, 노력하는 과정에서 조던은 자신감을 가지게 되었다. 운동은 실패를 맛보면서 조금씩 성장해나가는 단계다. 우리 부모들은 아이들의 사교육에만 힘을 쏟을 것이 아니라, 아이가 성장해나갈 수 있는 발판을 만들어야 한다. 공부만이 답이 아니라는 것이다.

요즘 부모들은 아이가 다칠까 봐 학교 앞까지 자동차로 태워다 준다. 며칠 전, 나는 조금 놀라운 일을 겪었다. 초등학교 3학년 아이에게 저녁 회식 장소를 말했는데, 아이는 그곳을 모른다고 했다. 한 번도 가본 적이 없다고 했다. 큰 도시면 당연히 모를 수 있다는 생각이 든다. 그렇지만 읍이었기에 당연히 알 것으로 생각했다. 아이는 모든 이동을 걸어서가 아니라 차로만 하다 보니, 자기 집 근처와 학교만 알았다. 걸어가면서 주변 환경이나 학교까지 걸어가는 것도 자신감을 쌓는 경험이 될 수 있다.

공부만 해서 경험할 수 있는 것은 대개 한정적이다. 운동을 통해 작은 성취를 맛보면 그것은 공부의 밑거름이 된다. 공부만 해서는 아이들의 자존감을 높일 수 없다.

잘츠부르크 대학(University of Salzburg)에서 '운동이 기억에 미치는 영향'이라는 주제로 박사 학위를 받은 신경과학자 마누엘라 마케도니아(Manuela Macedonia)는 학교에서 새로운 내용을 습득하면 신경 생성이 일어나고, 그러면 해마에서 새로 생긴 신경이 용도에 따라 각각의 대뇌피질 영역으로 옮겨진다고 했다. 그곳에서 기존의 세포 연결망을 강화한다. 여기에 운동이 더해지면 혈관까지 새로 생긴다. 아이들은 학교 학습과 운동만으로도 성능이 좋은 '하드웨어'를 구축하고, 이 하드웨어는 아이가 인생길을 성공적으로 헤쳐나가는 데 훌륭한 토대가 된다. 공부를 잘하는 아이로 키우고 싶은 부모들은 운동을 통해 먼저 자존감이 강한 아이로 키워야 한다.

# 우리 아이는 왜
# 공부가 힘들까?

　오늘도 첫째 딸이 운다. 아내와 첫째 딸의 매일 반복되는 일대일 수업은 울음으로 끝난다. 아내는 학교 영어 전담 교사다. 그리고 첫째 딸의 학교에서 근무하고 있다. 초등학교 3학년이 된 첫째 딸은 학교 수업을 마치면, 피아노 학원에 간다. 피아노 학원은 딸이 배우고 싶어 하기도 했고, 어릴 때 악기 하나는 배워야 한다는 아내의 의견도 들어간 것이다. 딸의 의견이 아닌, 아내의 의지로만 피아노 학원을 다녔다면 난 그만두게 했을 것이다. 딸아이는 영어 듣기 1시간, 영어 말하기 30분, 국어, 수학 문제집까지 하면 2시간을 공부한다.

　많은 분들이 엄마가 영어 선생님이라 아이와 영어로 공부한다니 좋은 일 아니냐고 할 수도 있다. 천만의 말씀이다. 딸은 영어를 다시는 안 하게 될 확률이 더 높다. 매일 하기 싫다고 운다. 그리고 점점 더 소리를 지르고, 이상한 행동을 해서 아내의 화까지 돋운다. 난 조용히 딸을 불러 이야기를 들어봐야겠다고 생각했다. 딸과 내 방에서 대화를 이어갔다. 딸 모르게 녹음도 했다.

딸에게 물었다.

"시우야, 넌 영어 공부를 하고 싶니?"

"아니요."

"그런데 왜 영어 공부를 하고 있어?"

"어머니가 강제로 시키니까요. 안 하면 혼나니까요."

"시우는 그럼 무엇이 제일 재미있어?"

"받아쓰기가 재미있어요."

"많이 힘들었지? 소리 지르는 것도, 이상한 행동하는 것도 공부하기 싫어서 하는 행동으로 보이는데, 아빠가 생각하는 게 맞니?"

시우는 고개를 끄덕인다.

난 말없이 시우를 끌어당겨 꼭 껴안아주었다. 그리고 신나게 놀아주었다.

다른 집도 우리 집과 다를 게 없다고 생각한다. 한번 생각해보자. 강제로 시킨 교육이 얼마나 지속력을 가질 수 있을 것 같은가? 난 지금도 교회를 안 간다. 왜? 어머니가 어릴 적에 강제로 교회를 끌고 가서다. 반면 자기가 하고 싶어서 하는 것은 오래 기억에 남는다. 지속력이 있다. 우리는 아이들을 사랑한다는 명목하에 공부를 더 싫어하는 아이로 만들고 있지는 않은지 생각해보자. 우리 학교의 운동하는 아이들은 자기가 좋아서 운동하러 온다. 내가 오지 말라고 해도 온다. 그것이 우리가 바라는 아이들의 진정한 모습이라 생각한다.

나는 중학교 3학년 때까지 체육 특기생으로 운동을 하고 있었다. 그러다 문득 공부가 하고 싶어졌다. 그 당시 수학과 영어는 등급으로 반을 나누었는데, 다른 아이들처럼 나도 3반으로 가고 싶었다. 하지만 나는 꼴찌 반이었다. 꼴찌 반은 다른 반에 비해 운동부가 많았다. 그리고 호랑이 선생님이 담당하셨다. 매일 혼나는 것이 일상이었고, 운동하고 오면 녹초가 되어 그냥 게임하다가 자는 게 일상이었다. 그러다 나도 책을 펴서 공부해보기로 했다. 30분 지나고 1시간도 안 되어 컴퓨터 앞에 앉았다. 내 영역이 아니었다. 마치 다른 나라 언어를 보는 기분이었다. 아직도 수학책과 영어책을 보면 겁이 난다. 그때는 미처 알지 못했지만, 부모의 역할과 나의 위치인 코칭의 역할이 얼마나 중요한지 깨닫게 된 날이 된 셈이다.

인생 멘토 임 작가의 유튜버 영상을 시청할 기회가 있었다. 난 이 영상을 통해 내가 왜 공부를 하고 싶어도 할 수 없게 되었는지 깨달았다. 임 작가는 "기다리면 언젠가 공부하겠지 하는 마음은 감나무의 감이 떨어지기를 바라는 것과 같다"라고 했다. 요즘 부모들은 두 가지 중 하나를 고민한다고 한다. 먼저, 아이와 사이가 멀어질까 봐 아이에게 맡기고 공부 강요를 하지 않는다. 또는 아이와 사이가 안 좋아도 학원이나 집에서까지 공부를 시킨다. 운동하러 오는 아이들을 보면 하루에 30분도 채 운동을 하지 못하고 가는 아이들이 많다. 학원이 기본이 한 개 이상이고 많으면 세 개까지도 다닌다.

그런데 학원에 다니는 아이의 점수가 오히려 더 낮은 경우를 볼 수 있었다. 현행 학습을 못 하면 학습 결손이 생기게 된다. 그런데 학원에서는 문제 풀이만 한다. 나는 이 아이들을 나처럼 공부하고 싶을 때 공부할 수 있게 만들고 싶었다.

먼저 내가 못 하는 부분을 공유했다. 감독 선생님, 담임 선생님과 연계해 학교 생활과 학급 태도, 과제 등을 점수로 환산해서 시합에 나가는 제도를 도입했다. 실제 문체부에서는 대회 참가 요강에 기본 학습권을 제출하게 되어 있다. 반 평균 점수에 도달하지 못하면 대회 출전은 가능하지만, E학습터의 강의를 들어야 한다. 하지만 아이들은 스마트폰을 켜놓고는 공부를 안 한다. 대회에 출전하기 전, 담임 선생님의 점수와 자체 평가 점수를 합산해 대회 출전 여부를 감독 선생님과 판단하기로 했다. 그 결과, 운동만 해야 하는 분위기에서 공부와 운동을 함께하는 문화를 만들고 있다.

공주대학교 4학년이 되는 제자가 있다. 나의 두 번째 제자인데, 얼마 전, 나에게 문자 하나가 왔다. 아이는 초등학교 시절부터 욕심이 굉장히 강했다. 승부욕도 있어서 지는 것을 싫어했다. 하지만 6학년 졸업할 때까지 학원도 가지 않았다. 학교에서 배우는 공부와 운동이 전부였다. 10년 전에는 초등학교에서 시험을 보았는데, 중간시험과 기말시험을 보면 늘 중상위권이었다. 운동에도 욕심이 있어서 주말에도 학교에 나와 친구들과 운동을 했다.

초등학교 6학년 때, 전국소년체전에 출전해 금메달을 획득하기도 했다. 나의 지도로 일구어낸 첫 번째 금메달이기도 했다. 특기생으로 중학교에 진학해 중학교에서도 소년체전 금메달을 획득했다. 고등학교에 진학해서도 전국체전에서 금메달을 목에 걸었다. 대학교는 스카우트를 통해 특기생으로 공주대 사범대에 입학했다. 나에게 뜻깊은 학생이기에, 공부도 해서 선생님의 길을 가보라고 말하고 싶었다.

그런데 바로 그 문자가 임용시험 준비를 하고 있다는 내용이었다. 나는 두말할 필요 없이 "넌 할 수 있어. 넌 체육 선생님과 굉장히 잘 어울려. 대견하다"라고 답해주었다. 코치를 하면서 보람을 느끼는 순간이다. 작은 성취부터 시작해 큰 성취를 맛보게 되면, 그 경험은 다른 것을 배울 때 아주 좋은 밑거름이 된다. 공부가 힘들면 하지 마라. 그 대신 다시 하고 싶을 때 그 공부가 다시 시작할 수 있을 만큼의 학습은 되어 있어야 한다.

학교에서 나에게 국·영·수를 지도하라고 하면 난 분명 사표를 던질 것이다. 내가 할 수 있는 부분은 운동을 지도하는 것이다. 하지만 운동도 공부와 같다고 생각한다. 운동 기초를 배우고, 배운 것을 몸으로 실행해보면서 익힌다. 운동을 같이 시작한 아이라도 계속 빠지거나 지도하는 시간에 집중을 하지 않아 따라오지 못한 다면, 재미와 흥미를 잃고 그만두게 된다. 공부도 마찬가지다. 교실에 가서 앉아만 있으면 공부가 되는 것이 아니라 집중해서 그 학년에 맞추어 진도를 따라가야 한다.

사실 초등학교 시기에 공부해서 성취를 맛보는 것은 어렵다. 눈에 보이지 않으니 공부가 싫어지거나 따분하기까지 하다. 반면, 운동은 다르다. 조금만 노력하면 배운 즉시 그 결과가 나타난다. 초등학교 교실에는 이제 시험 등의 평가가 없지만, 운동은 매년 대회에 출전해 나를 증명해 보이는 시간을 가질 수 있다. 패배와 승리를 맛보면서 자신을 더 성장하게 하는 밑거름을 만들 수 있다.

# 운동 습관으로
# 독립심을 키워라

난 요즘 운동을 통해 아이들이 스스로 할 수 있는 힘을 키우는 것에 초점을 맞추고 있다. 경기도 쪽에 일이 있어서 갔다가 돌아오는 길이었다. 차를 타고 학교 앞을 지나는데 신호에 걸려 잠시 대기를 했다. 마침 하교를 하던 아이들과 엄마들이 신호를 기다리고 있었다. 그런데 엄마들이 아이들의 가방과 실내화 가방까지 다 들고 있었다. 아이가 학교에 간 것인지, 엄마가 학교에 간 것인지 순간 구분이 안 되었다. 옛날과는 비교도 안 되게 교통이 편리하게 발전하고 안전한 사회가 되었다. 학교도 자기 집에서 걸어갈 수 있을 정도의 거리에 있다. 그런데도 우리는 아이들 곁에 붙어서 품 안에만 두려고 한다. 이제 사회로 나갈 아이들에게 우리는 스스로 할 수 있는 독립심을 길러 주어야 한다.

어린 시절 난 외동아들이었기에 굉장히 외로웠다. 그래서 시작한 게 운동이었다. 그것도 육상보다 단체 운동인 소프트테니스를 선택하게 되었다. 체육 선생님이 감독을 맡으셨는데, 제일 먼저 기초를 지도해주셨다.

기초 연습이 안 되어 있으면 내가 좋아하는 공을 치지 못했다. 난 빨리 공을 쳐야겠다는 생각에 매일 집에 와서 스윙을 500개씩 했다. 당시는 '빨리 공을 치고 싶다'는 생각만이 가득했다. 그런 연습을 시작으로 난 대회까지 나갔다. 스스로 하는 연습을 통해 나는 독립심을 조금씩 배우기 시작했던 것 같다. 그때부터 소풍을 갈 때도 도시락을 스스로 싸서 다녔다.

2019년 3월, 첫 대회가 있던 전북 순창으로 가는 길이었다. 감독 선생님과 내 차로 두 대로 나눠 타고 이동했다. 10시 30분에 출발해서 중간에 휴게소에 들려서 점심을 먹어야 했다. 아이들에게 메뉴판을 보고 자율적으로 선택하라고 했다. 아이들은 돈가스와 치즈 돈가스로 나뉘었다. 감독 선생님과 난 얼큰한 김치찌개와 설렁탕을 시키고 기다렸다.

드디어 아이들이 기다리던 돈가스 나왔다. 선배들과 아이들은 허겁지겁 먹기 시작했다. 곧이어 나도 김치찌개가 나와서 맛있게 먹었다. 그런데 한 아이가 먹지 못하고 있는 것이었다. 아이에게 왜 안 먹는지 물었다. 그 아이는 "돈가스를 썰어본 적이 없어요"라고 대답했다. 나와 감독 선생님은 당황했다. 그래서 내가 반은 썰어주었고, 반은 직접 썰어서 먹게 했다. 대회가 아니었다면 천천히 끝까지 다 해보라고 했을 것이다.

그날 저녁, 난 학생의 부모님에게 전화해서 상담을 했다. 오늘 낮에 있었던 이야기를 하면서 어떻게 된 것인지 물었다. 어머님의 대답은 간단했다. 깨끗하게 먹이고 싶어서 직접 다 썰어서 주었다는 것이다. 이해는 되었지만, 혼자 할 수 있는 것은 혼자 할 수 있게 해야 한다고 하고 상담을 끝냈다. 우리 사회는 아이들에게 편리한 생활환경을 안겨주었다. 하지만 아이들이 혼자 할 수 있는 것들이 점점 사라지고 있다.

우리 학교의 운동하는 아이들에게는 각자 관리하는 자기 구역이 있다. 정리와 청소, 그리고 간식까지 스스로 결정해서 관리하고 책임을 지게 한다. 우리는 점심시간이 되면 점심을 담당하는 아이가 와서 메모지와 볼펜을 들고 나간다. 그리고 아이들에게 식당을 정해준 후, 메뉴를 보여주면서 선택하라고 한다. 만약 자기가 원하는 식당이 아니면, 그것을 참고해 메모해놓는다. 그리고 자기가 먹은 것은 자기들이 정리하게 한 뒤, 내가 보고 같이 마무리해준다. 이런 과정을 통해 돈가스를 자르지 못한 아이도 이제는 혼자 할 수 있는 것이 많아졌다.

나는 아이들에게 더 좋은 영향을 끼칠 수 있는 것이 없을까 생각하다가 유튜브에 '독립심'을 검색해보았다. 눈길이 가는 영상이 있었다. 인생 멘토 임 작가가 아이를 지적으로 발달시키는 방법에 관해 설명했다. 교육심리학자 비고츠키(Lev Semenovich Vygotsky)는 누구의 도움 없이도 혼자 할 수 있는 영역을 발달영역으로 보았다. 지적 성취 영역이라고도 한다. 흔히 혼자 하는 일에는 라면을 혼자 끓여 먹거나 문자를 스스로 보내는 것 등이 있을 것이다. 비고츠키는 이 발달영역을 넓힐 필요가 있다고 했다. 그것이 교육의 목표가 되어야 한다는 것이다.

그리고 발달영역에 근접해 있는 근접발달영역이 있다. 비고츠키 이론대로 표현하자면 누군가의 도움을 받아야만 내가 성취할 수 있는 일들을 의미한다. 예를 들어 교사나 코치, 강사 등을 예로 들 수 있다. 비고츠키는 누군가의 도움을 받거나 또는 협력해서 지적 성취를 이룰 수 있는 부분들을 교육의 핵심으로 잡았다. 그리고 지도자가 잘 준비해야 하는 것이 있다. 그것은 비계라는 것인데, 공사장에 건물을 지을 때 높은 곳에서도 일할 수 있게 임시 가설물을 건물 주위에 설치하는 것을 말한다.

내가 아이들을 위해 준비할 수 있는 것은 아이들이 운동하기 좋은 환경을 먼저 만들어주는 것이다. 아이들이 연습할 수 있게 연습용 기계를 준비해 아이들 각자가 연습하는 영상을 찍어서 올려준다. 그리고 좋은 영상 자료를 아이들에게 보여준다. 그것을 본 아이들은 열심히 공유하고 토론한다. 자기가 부족한 부분은 수정해나간다.

연습하던 중, 승현이라는 아이가 뛰어왔다. 자기가 안 되는 부분을 말하면서 알려달라는 것이다. 나는 승현이를 데리고 연습 코트로 이동했다. 그곳에는 거울을 달아놓아 자신의 모습을 보고 연습할 수 있도록 해두었다. 자신의 모습을 보면서 이해할 수 있도록 설명하자 아이는 눈을 반짝이며 배우려는 태도를 보였다. 배우고 나서 뒤돌아서 가는 모습이 너무 예뻐 보였다.

아이들의 이런 배우려는 자세에서 코칭을 하는 힘과 자부심을 느낀다. 뒤이어 또 다른 학생이 왔다. 자기도 말을 하고 싶었는데 승현이도 말하고 가니 자신감이 생겼다는 것이다. 그 후로도 두 명의 아이가 더 와서 배우고 갔다. 그리고 그것을 다른 아이들과 공유하면서 연습을 이어갔다. 혼자 공부하는 데는 한계가 있다. 혼자 하는 아이들도 있지만 우리는 혼자 살아가는 것이 아니기에 협동하는 것을 배워야 한다. 반면 스스로 하는 것을 통해 독립심을 키우는 것 역시 중요하다.

유치원에서 초등학교로 입학하는 순간 대부분의 부모가 아이를 걱정한다. '사고가 나지 않을까?', '혼자 할 수 있을까?' 하는 불안감에 가방을 들어주며 학교에 데려다준다. 그리고 학교 수업이 끝나기도 전에 교실 근처에서 자녀를 기다린다. 아이는 점점 혼자 할 수 있는 것이 없어진다. 그러다 보니 모든 숙제와 문제는 아이의 문제가 아닌 부모의 문제가 되어버린다.

우리는 독립심을 키우기 위해 위험한 일이 아닌 이상 최대한 스스로 하는 습관을 들여야 한다. 스스로 문제를 풀어보고, 답을 못

찾을 경우 질문을 하라고 해야 한다.

　나는 아이들에게 자기가 쓰는 물건과 공용으로 쓰는 물건을 정리하게 한다. 각 구역 관리 주장이 있어서 확인하게 한 후, 최종 확인은 내가 한다. 물건이 잘 정리되어 있지 않으면, 한 번의 경고를 받고 경고 두 번을 받게 되면, 그다음 날의 간식은 없는 것으로 규칙을 정했다.

　아이들에게 간식은 규칙을 지키기 위한 조건이지만 스스로 하는 습관을 길러준다. 아이들은 규칙과 습관을 통해 자기관리를 하고 운동을 더 재미있게 하고 있다.

　학교에서 공부와 운동을 통해 규칙과 도덕성을 키우면서 다닐 수 있는 것은 축복이다. 운동은 자존감과 스스로 할 수 있는 자신감을 배우게 한다. 직접 체험하고 스스로 성취하면서 배운다. 세상은 편하고 빠르게 많은 것을 해결할 수 있지만, 우리 아이들 혼자 할 수 있는 것은 많지 않다. 내가 아니어도 다른 누군가가 대신해 주기 때문이다. 성인이 되어서도 부모 밑에서 용돈을 받으며 세상에 나오지 못하는 낙오자가 되지 않기 위해서는 스스로 하는 습관을 길러야 한다. 초등학교는 부모가 가는 것이 아니라 아이 스스로 가서 배우고 익혀야 한다. 부모는 아이들의 미래를 위해 자존감이 강하고 독립심 있는 아이로 키워야 한다.

## 04

# 매일 운동을
# 해야 하는 이유

　나는 2011년 겨울에 아이들과 함께 우리 집에서 동계 훈련을 했다. 여섯 명의 아이들에게 20평 정도 되는 오피스텔의 안방까지 내주며 운동을 지도했다. 그때 지도한 아이 중 한 아이는 살짝 살이 있는 보통 체형이었다. 하지만 겨울 체력 훈련을 하면서 전체적으로 체력과 체형이 단단해졌다. 규칙적인 운동과 규칙적인 식습관을 통해 아이는 체력적으로 건강해졌고 급격히 실력도 좋아졌다.

　그 아이의 부모님은 읍내에서 유명한 고깃집을 운영하셨다. 그래서 겨울방학 동안 고기를 지원받아 아이들에게 마음껏 먹이기도 했다. 그리고 3월, 첫 대회에 출전하게 되었다. 첫 대회라 긴장되었는지 아이들의 얼굴이 창백했다. 첫 경기부터 아이들은 자기가 연습한 부분을 발휘하지 못해 아쉬워했다. 그래도 운도 따라 주었고, 몸이 풀리면서 조별 예선을 통과해 단체전 3등이라는 놀라운 결과를 냈다.

단체전 시합이 끝나고, 난 기분 좋은 상태에서 부모님들에게 문자를 보내 우리의 좋은 소식을 전했다. 몇 분이 안 되어서 문자 하나가 왔다. 축하 메시지일 거라 생각하고 열어본 나는 충격을 받았다. 대회를 끝으로 아이의 운동을 그만 시킨다는 것이었다. 바로 아이의 부모님에게 전화해 이유가 무엇인지 물었다. 부모는 그냥 아이가 힘들다고 하는 것이었다. 끝나고 조금 쉽게 해주겠다고 했다. 그렇게 대회가 끝나고 그 아이는 운동을 떠났다.

그로부터 3년이 지났다. 학교로 한 아이가 찾아왔다. 그때 운동을 그만둔 아이였다. 그런데 그 아이는 예전의 아이가 아니었다. 몸이 세 배 정도는 커져 있었다. 위로 크면 좋았겠지만, 옆으로 커져 있었다. 아이는 그 이후 운동이 참 그리웠다고 했다. 그래서 지금은 테니스 레슨을 받고 있다고 했다.

그동안 운동을 그만두고 학교와 학원만 오가며 앉아서 공부와 게임만 하다 보니 자기도 모르는 사이 살이 쪄서 비만이 되었다고 했다. 난 너무 안타까웠다. 내가 하는 운동을 하라는 것은 아니다. 하지만 운동을 그만둔다고 해서 아예 모든 운동을 떠나서는 안 된다. 공부와 운동은 떼려야 뗄 수 없다. 초등학교 시기에 운동은 선택이 아니라 필수여야 한다.

우리나라 비만 조사에 의하면, 실제 20세 미만 당뇨병 환자는 2015년에서 2019년 동안 9,335명에서 11,571명으로 약 24% 증가했다. 고혈압은 4,610명에서 6,363명으로 38% 증가, 고지혈증은 11,047명에서 14,590명으로 32%가 늘어났다. 소아청소년 지방간 환자 또한 2015년 9,482명에서 13,029명으로 37.4% 증가했으며, 소아청소년에 간경변증 진단을 받은 환자도 약 5% 가까이 증가한 것으로 확인되었다.

고등학교 2학년 학생이 있다. 이 학생은 초등학교 3학년부터 운동을 시작했다. 당시 5학년이 된 형도 같은 운동을 하고 있었다. 체육 수업을 통해 소프트테니스를 접하게 되었다. 내가 본 첫인상은 씨름부로 가야 했는데 잘못 온 것 같았다. 당시 한 선생님도 그때의 아이를 보고 씨름부를 왜 데리고 왔냐고 말씀하셨다. 처음에 아이는 재미를 느꼈는지 며칠 동안 열심히 왔다. 그러다 본격적인 운동을 하는 단계에서 위기가 왔다. 운동장을 뛰는데 50m도 못 뛰었다. 일주일 운동하고 부모님에게 전화가 왔다. 아이가 문을 잠그고 안 가겠다고 한다는 것이었다. 하지만 아이의 어머님은 아이를 설득해서 운동을 계속 이어질 수 있도록 하셨다. 어머님에게 난 감사하다고 전했다.

대부분 부모님들은 운동을 시키다가 아이가 힘들어하면 '내일부터 우리 아이는 운동을 안 보내겠습니다' 하고 문자를 보내신다. 통보나 다름없다. 대답할 수도 없게 만든다. 나는 당시 힘들어서 못 가겠다고 하는 아이의 어머님께 일단 쉬라고 했다. 그리고 다음 날 그 학생이 작은 성취감을 느끼도록 매일 조금이라도 뛰게 했다. 그로부터 6개월, 1년 뒤, 아이는 상상할 수 없을 정도로 단단한 몸이 되었다. 매일 운동하면서 성취감도 올라갔다.

한 연구에 따르면 아이 여섯 명 중 한 명이 비만이라고 한다. 내 주위를 보아도 남자아이, 여자아이 할 것 없이 비만인 아이들이 많다. 그 책임은 온전히 아이에게만 있는 것이 아니다. 오히려 부모의 역할이 더 크다고 생각한다. 그리고 살을 빼는 것보다 매일 운동하는 습관을 쌓아 살이 찌지 않는 예방을 하는 것이 더 중요하다.

나는 매일 아침 8시에 초등학교 운동장 쉼터로 간다. 12년째 일상이 되었다. 모든 아이들은 8시 10분이면 도착한다.

5년 전, 아이들에게 도움이 되고자 책을 읽기 시작했다. 당시 읽었던 책은 존 레이티(John Ratey), 에릭 헤이거먼(Eric Hagerman)이 쓴 《운동화 신은 뇌》였다. 책을 끝까지 읽으면서 나는 굉장히 큰 충격을 받았다. 이 책에서 나온 운동 중 나에게 적용하고 싶었던 운동이 있었다. 바로 달리는 운동이었다. 아이들 체력에 맞추어 뛰는 것이었다.

처음에는 한 바퀴에 최대 몇 분으로 들어오는지 기록한다. 그다음 그 학생과 비슷한 레벨을 세 그룹으로 나누어 실시했다. 본인 능력의 80%까지 한 바퀴를 달리는 것이었다. 처음에는 매우 힘들어했다. 3일 정도 했을 때 아이들의 표정은 아침을 마치 지옥처럼 느끼는 듯했다. 몇 명의 학생들은 아프기까지 했다. 그래도 포기하지 않고, 꾸준히 했다. 아이들에게 변화가 시작되었다. 아이들의 지각 빈도가 낮아졌고, 체력도 좋아졌다.

아이들이 흥미가 떨어지면, 신나는 노래를 틀어준 후, 뛰게 했다. 처음에는 많이 힘들어하고 포기하는 아이들도 있었다. 하지만 시간이 지날수록 단계별 기록을 깨기 위해 서로 경쟁했다. 처음에는 잘 못 뛰던 아이들이 3개월이 지나자 나보다 더 잘 뛰는 아이로 성장했다. 그 결과, 자기 분야의 고강도 훈련도 능숙하게 배울 수 있었다.

운동하는 아이들도, 공부하는 아이들도 체력을 높여야 한다. 체력이 없으면 모든 일이 힘들고 금방 지친다. 존 레이티, 에릭 헤이거먼의 말에 의하면 "0교시 수업의 목적은 격렬한 운동을 통해서 학생들의 두뇌를 학습에 적합한 상태로 만드는 것입니다. 그러니까 학생들의 뇌를 깨어 있는 상태로 만들어서 교실로 들여보내는 것이지요"라고 했다. 지금이라도 매일 운동을 해야 한다.

1교시 수업을 들어가기 전, 우리 아이들의 뇌를 깨우자. 운동은 우거진 숲이라고 할 수 있다. 그 숲을 걷는 것이 공부다. 숲에 길을 만드는 것은 공부지만, 그 숲을 이루고 있는 것은 운동이다.

부모들과 교사들, 그리고 지도자들까지 우리 아이들에게 토대를 만들어주어야 한다. 그리고 그것을 토대로 아이들은 씨앗을 심어서 학업에서 높은 집중력을 발휘할 수 있다. 매일 아침 운동의 장점은 학습의 속도를 빠르게 해준다는 데 있다.

2007년 독일 학자들은 연구를 통해 운동을 하면 어휘 학습 속도가 운동 전에 비해 20%나 빨라지는 것을 밝혀냈다. 학습 속도는 신경세포 성장인자의 수치와 비례했다. 일주일에 3~4회 정도 심장 박동 수치를 기준으로 60~70% 빠르게 걷거나 뛰면 된다. 테니스 같은 운동을 권한다.

우리가 한 가지 꼭 알아야 할 것은 아이들의 공부보다는 건강을 우선순위에 두어야 한다는 것이다. 우리 어른들은 매일 운동 루틴을 통해 마음도, 몸도 단단한 아이로 만들어야 한다.

# 단단한 아이를 만드는 비법은 운동이다

2016년 정규리그 MVP 수상, NBA 올스타전 6회 출전, NBA파이널 우승 3회 등을 기록하며 NBA를 경악하게 만든 스테판 커리(Wardell Stephen Curry II)는 어린 시절부터 농구를 하던 다른 아이들보다 키가 작았다고 한다. 고등학교 시절 180cm로 농구선수로 활동하기에는 부족한 키였다. 그래서 유명한 대학으로 스카우트를 받지 못했기에 그는 데이비슨이라는 무명대학에 입학했다. 하지만 입학하고 예상외로 엄청난 경기력을 발휘하게 된다. 키도 186cm로 성장하게 된다. 그리고 선수들이 본격적인 훈련을 시작할 때 이미 커리는 200개가 넘는 슛을 연습하고 난 뒤였다. 이처럼 남들이 하는 것처럼 똑같이 한다면 그 사람과 같은 것이지, 그 사람보다는 뛰어날 수 없다.

난 운동을 시작하기 전, 여러 가지 손동작을 이용해 아이 각자에게 맞는 인사를 한다. 엉덩이를 서로 맞대어 인사를 하는 아이도 있다. 힘든 운동을 시작하기 전 아이들에게 자연스럽게 다가가 심리적 안정감을 준다. 그리고 워밍업과 고강도 훈련을 시작한다. 아이들은 경쟁을 통해 자기가 할 수 있는 최대 힘을 발휘한다.

나는 아이들에게 30초 시간을 주고 열 명이 단체로 들어오는 훈련을 하게 한다. 사실 이 훈련은 30초를 넘는 경우가 많다. 하지만 30초가 중요한 것이 아니다. '자기가 최선을 다했느냐'가 중요하다. 전체 아이들이 최선을 다하는 모습을 보이면 30초가 넘었지만 난 성공이라고 말한다. 아이들은 서로 격려하며 좋아한다.

대학교 때 주변에 복싱부 친구들이 있었는데, 그 친구들은 매일 줄넘기를 몸에 달고 살았다. 친구들에게 줄넘기하는 이유를 물어보니 복싱은 스텝과 리듬감이 중요하기에 하고 있다고 했다. 복싱뿐만 아니라 모든 운동은 줄넘기를 기본으로 해도 될 정도로 리듬감과 스텝은 운동에 중요하다.

우리 운동부 아이들에게도 줄넘기를 시켰다. 아이들은 처음 하게 되는 줄넘기를 신기해하면서 시작했다. 1단 줄넘기부터 시작했다. 일주일 뒤 아이들은 1단계를 무난히 넘게 되었다. 다음은 2단 뛰기였다. 한 개도 못하는 아이들이 대부분이었다. 아이들에게 잘하고 있다고 계속 이야기해주었다. 그리고 순위를 정해 자기가 정한 부분에 도달하면 보상을 해주었다. 2주가 지나고 3주가 지났다. 놀라운 결과를 볼 수 있었다. 1등의 기록이 100개를 넘었다. 나도 100개를 해본 적이 없다. 그것도 2단 뛰기로 100개까지 한다는 것은 체력이 없으면 불가능하다.

줄넘기를 매일 하게 되면 체력뿐만 아니라 성장에도 도움이 된다. 또한 친구들과 같이 운동을 하면서 동기부여도 받고, 작은 성취를 통해 자신감과 자존감도 올라간다. 보상을 통해 아이들은 더 높은 곳을 올라가고 싶어 한다. 2단 줄넘기를 많이 한다는 것 자체가 좋다는 것이 아니다. 운동을 통해 노력하고 한 걸음 앞으로 나아간다는 것이 중요하다.

난 아이들이 시험을 100점 맞게는 못한다. 하지만 100점에 도달하게 하는 인내력과 집중력, 체력을 통해 아이들이 성장할 수 있도록 발판을 만들어준다.

운동과 건강을 빼놓고 성공으로 갈 수 있을까? 공부만 한다고 해서 과연 아이가 단단해질 수 있을까? 운동을 해야 몸도 마음도 단단해질 수 있다. 단단해진다는 것은 행동을 해야 나올 수 있는 결과다.

우리 학교 체육관에는 음향이 좋은 오디오가 있다. 난 아이들의 체력 훈련에 이 오디오를 이용한다. 일명 2002년 월드컵 영웅 훈련 프로그램이라고 한다. 히딩크(Hiddink) 감독이 도입한 훈련 프로그램이다. 선수들에게 기량은 있었는데 체력의 부족으로 이 프로그램이 도입되었다고 한다. 나도 우리 아이들의 단단한 몸과 자신감과 자존감까지 향상시키기 위해 도입했다. 고등학교 기준으로 만점이 80개라고 한다. 아이들이 처음 시합할 때 주의할 점은 처음부터 최대로 뛰면 안 된다는 것이다. 초등학교는 15미터로 한다. 심폐지구력 향상 운동이다. 초등학교에서는 1년에 한 번 측정한다. 초등학생 기준은 다음 표와 같다.

### 〈왕복 오래달리기 평가 기준표〉

왕복 오래달리기 평가 기준 – 남자(단위 : 회)

| 학년 | 아주 낮음 (5등급) | 낮음 (4등급) | 보통 (3등급) | 높음 (2등급) | 아주 높음 (1등급) |
|---|---|---|---|---|---|
| 초4 | 19~25 | 26~44 | 45~68 | 69~95 | 96~103 |
| 초5 | 22~28 | 29~49 | 50~72 | 73~99 | 100~107 |
| 초6 | 22~31 | 32~53 | 54~77 | 78~103 | 104~112 |

2019년 4월의 어느 날, 한 어머님의 상담 전화가 걸려왔다. 학교에서 수업이 끝나면 운동을 하는데, 운동이 끝나고 학원에 갔다가 집에 오면 녹초가 되어 아무것도 안 하고 잔다고 했다. 너무 힘들어 해서 운동을 계속 시켜야 하는지 고민이라고 했다. 체력이 없어서 집에 오면 숙제도 못한다고 하소연했다. 난 일단 어머님을 설득하고 체력이 어느 정도인지 한번 테스트를 해볼 테니 믿고 맡

겨달라고 했다. 다음 날 왕복 오래달리기 음원과 개개인 표를 가지고 심폐지구력 테스트를 해보았다.

그 학생은 왕복 오래달리기 35개를 뛰었다. 1등급부터 5등급까지 있는데 4등급인 낮음 단계였다. 다른 저학년 학생들도 4등급에서 3등급이었다. 6학년들은 체력이 상급인 아주 높음 1등급이었다. 난 표를 만들어 왕복 오래달리기 측정을 매일 꾸준히 했다. 아침에 체육관으로 모여 몸을 풀고 왕복 오래달리기를 하고 수업에 들어갔다. 1개월 정도 연습을 꾸준히 했다. 그리고 그 학생은 어느새 73개까지 했다. 2등급까지 올라간 것이다. 목표를 정하고 목표에 도달하면 성취감도 갖지만 자존감도 높아진다.

난 그날 저녁 부모님에게 전화했다. 아이의 생활이 어떤지, 전보다 좋아진 것이 있는지 물었다. 부모님은 체력뿐만 아니라 자신감도 많이 생겼다고 했다. 그리고 자신이 어느 정도까지 도달했는지 집에서도 자랑했다고 한다.

난 단단한 아이들을 코칭하는 것이 아니다. 약하지만 하고자 하는 의지만 있으면 된다. 물론 그 과정에서 실패와 좌절도 한다. 하루 만에 눈이 보이게 좋아지지도 않는다. 그래서 부모님들은 불안해한다. 운동을 시키면 힘들어하지 않을까, 실패해서 좌절하지 않을까, 공부가 뒤처지지 않을까 여러 가지 불안을 가지고 있다. 하지만 어른들도 마찬가지 아닌가. 내일은 모른다. 내일이 와야 아는 것이다. 하지만 우리 아이들은 어른보다 더 대단하다. 행동하고 있지 않은가. 어른들은 말로만 운동하고, 행동하지 않는다. 아이들은 단단한 몸을 만들기 위해 오늘도 뛴다.

# 06

## 자존감 있는 아이로
## 단단하게 사는 법

테니스 세계 1위 노박 조코비치(Novak Djokovic)는 "운은 용감한 자에게 따를 뿐만 아니라 운이 자기에게 있다고 믿는 자들에게 따른다"라고 말했다. 패배에서 배움은 필수다. 패배는 자기를 성장하는 발판으로 삼을 수가 있다. 하지만 그것을 배우지 않고 외면하면 똑같은 실수를 할 가능성이 크다.

자존감이 높은 아이는 할 수 있다고 말한다. 기회가 오면 기회를 내 것으로 바꾼다. 나 자신에게 평상시에 어떤 말을 하는지에 따라 자존감이 달라진다. 그래서 나는 아이들에게 패배와 승리는 마음가짐에 있다고 말한다. 나 자신을 못 이기는데 상대를 어떻게 이길 수 있겠는가.

난 그래서 매 경기에 아이들이 최선을 다하지 않는 행동을 보이면 훈계를 한다. 스포츠에서는 100%의 실력 발휘를 위해 노력하지 않으면 상대는 금방 알아차린다. 그리고 이는 상대방의 자존심까지 상하게 한다. 스포츠는 냉정하다. 승패가 확실하다. 그래서 자신을 증명해 보여야만 한다.

조코비치는 "일곱 살 이후로 내가 원했던 것은 똑같았다. 세계 1위가 되는 것"이라고 말했다. 우승은 하고 싶다고 해서 할 수 있는 것이 아니다. 실력도 있어야 하지만 운도 따라주어야 한다. 운도 실력이라는 말이 있을 정도다. 하지만 자기 확신이 없다면 무엇을 하든 불안해할 수밖에 없다. 그 불안은 내적으로 온다.

난 시합에 들어가기 전에 아이들에게 불안한지 물어본다. 불안을 피하지 말아야 한다. 불안에 맞서야 그 불안을 이길 수 있다. 그래서 이렇게 말해보라고 한다. "나는 불안하다. 그래도 난 할 것이다."

11년 동안 아이들을 지도하면서 깨달은 것은 운동 신경이 좋은 아이들은 분명 있다. 하지만 운동 신경이 좋다는 핑계로 노력을 하지 않는다면 노력하는 자에게 지게 되어 있다는 것이다. 당연한 말처럼 들리겠지만 운동을 지도하면서 자기 인식이 안 되는 학생들을 보게 된다. 노력은 절대 배신하지 않는다.

어느 날 아이들이 운동하는 쪽을 서성이던 한 부모님께서 말을 걸었다. 혹시 자신의 아이에게 운동을 시키려면 어떻게 해야 하는지 물었다. 난 일단 대회가 앞이라 연락처를 먼저 받은 후, 연락드린다는 말을 하고 보내드렸다. 대회가 끝나고 전화로 상담을 했다. 3학년 남학생의 부모님이셨는데, 아이가 3대 독자로 위에 누나들이 있다고 했다.

너무 소심해서 학교 적응을 잘 못하고 매사에 자신감이 없다고 했다. 우선 그 아이를 보고 판단하기로 했다. 다음 날 보게 된 아이는 내내 고개를 숙이고 있었고, 말을 할 때 목소리가 잘 들리지 않았다. 감독 선생님과 상의 후, 그 학생을 지도하기로 했다. 다음 날부터 아이는 아침 운동과 오후 운동까지 참여했다. 다행히 선후배들과 잘 적응했다. 다니는 학원이 여러 군데라 오후 운동을 1시간 정도만 했음에도, 아이의 태도가 조금씩 변화되기 시작했다.

아이는 경기에서 패배는 했지만, 이기고 지는 과정을 반복하면서 자기도 모르게 파이팅을 했다. 아이에게는 경기에서 이기는 것이 중요한 것이 아니라 과정이 중요하다고 말해주었다. 아이는 점점 자신을 표현하기 시작했다. 대회도 참가해서 경험을 쌓았다. 학교 조회시간에 상까지 받게 되었다. 그러면서 반 친구들이 말을 걸었고, 자연스럽게 자신감까지 올라갔다.

스포츠는 자기를 표현할 수 있는 최고의 선물이다. 모든 스포츠는 자기가 노력한 만큼의 성과를 몸으로 느낄 수 있게 한다. 스포츠를 통해 심장이 뛰고 가슴 뭉클한 감정을 느낄 수 있다. 공부만으로는 이런 느낌을 받을 수 없을 것이다.

난 스포츠는 등산이랑 비슷하다고 말한다. 힘든데 정상을 밟으면 굉장한 성취감이 든다. 운동은 힘들다. 힘들기 때문에 그 보상이 더 크게 와 닿는 것이다. 난 1등을 원하는 것이 아니다. 초등학교에서 운동하면서 우승을 못 할 수도 있다. 하지만 나는 자신감을 지도하는 것에 있어서 최고의 코치이고 싶다. 그래서 오늘도 가르치는 것을 멈추지 않는다.

난 아이들에게 긍정확신을 매일 실천하며, 할 수 있다는 자신감과 목표를 크게 잡으라고 한다. 매일 목표를 말하면서 할 수 있다는 동기부여도 함께 해준다. 초등학생이기에 운동을 하기에는 아직 단점이 많다. 하지만 장점 하나를 파악해서 그 장점을 극대화해 칭찬해준다. 그리고 결과보다는 과정이 중요하다고 강조한다.

자존감이란, 자기 자신을 존중하고 사랑하는 마음인 '자아존중감'을 이르는 말이다. '자아존중감'이라는 용어는 미국의 실용주의 철학자이며 심리학자였던 윌리엄 제임스(William James)가 1890년대에 처음 정의했다. 그는 '인간은 무한한 능력을 갖추고 태어나지만, 그중 10분의 1 정도만 활용하고 만다'라고 주장했다. 그 원인을 자존심과 열등감에서 찾았다. 또 자존감에 관한 공식을 제시했는데, 그에 의하면 성공을 욕구로 나눈 값이 자존감이라고 한다. 이 공식에 의하면 자존감은 성취를 늘리거나 욕구를 낮추어야 커질 수 있다.

지도자는 학생이 도달할 수 없는 목표보다는 성취할 수 있는 목표를 설정하도록 해서 자존감을 키울 수 있게 도와야 한다. 패배를 승리를 위한 디딤돌이라 생각하게 해야 한다. 우승을 한 학생에게는 구체적으로 격려하고 칭찬해준다. 그리고 아이들을 절대 비교하지 말아야 한다. 우승자는 한 팀이지만 패배는 그보다 많다. 할 수 있다는 자신감을 불어 넣어줘야 한다. 아이들은 약한 부분을 인식하고 바꾸려는 의지만 있으면 된다. 그러면 자신감과 자존감이 향상되고 단단해질 것이다.

# 07

# 운동으로 아이의
# 자존감 지지대를 만들어라

내가 처음 초등학교 팀을 맡아 대회에 나갔던 때의 일이 아직도 생생하게 생각난다. 그 일은 우리 팀에게 큰 발판이 되었다. 단체전을 하게 되면 조 추첨을 먼저 한다. 내가 먼저 조 추첨을 하고 기다리는데, 옆에 있는 선수와 코치 선생님이 우리 학교와 붙으면 좋겠다고 했다. 진짜 우리 조와 붙게 되자 그들은 방방 뛰었다. 난 그 모습을 보고 아이들과 점심을 먹으러 갔다.

그리고 아이들에게 그 일을 있는 그대로 말해주었다. 우리는 약하다. 하지만 마음까지 약하지는 않다. 혼쭐을 내주자고 했다. 밥이 입으로 들어가는지, 코로 들어가는지 모르고 먹었다. 오후 시합을 시작하는데 우리 아이들의 눈빛이 예사롭지 않았다. 상대팀은 벌써 이겼다는 식으로 행동하고 웃고 있었다. 하지만 뒤의 결과는 생각하지 못했다. 우리는 그 경기에서 이겼다. 하지만 우리는 그들처럼 행동하지 않았다. 그리고 만족스럽지는 않았지만, 3등으로 그 대회를 마쳤다.

내가 한 것은 아이들에게 살짝 불을 지펴준 것뿐이다. 아이들도 자존심이 있다. 그래서 아무리 약한 팀이라도 그 앞에서 말을 함부로 하면 안 된다. 아이들은 지도자의 눈빛과 행동에 굉장히 예민한 반응을 보인다. 내가 자신 없어 하면 아이들도 자신 없어 한다. 지도자가 심리적 안정감을 보이면 아이들도 경기할 때와 경기 종료 후 심리적으로 안정감을 가진다.

유럽 유소년 축구팀과 한국 유소년 축구팀의 연습 경기가 끝나고, 한 기자가 유럽 선수에게 어떤 차이가 있는지 이야기해달라고 했다. "한국은 이기려고 축구를 하는 거 같다. 하지만 우리는 즐기려고 축구를 한다"라고 대답했다. 이기는 게 목적이다 보니 골문 앞에서 힘이 들어가서 볼이 뜨고 창조적 플레이가 안 나온다. 이기려고 하면 어느 정도 위치까지는 간다. 하지만 즐기는 자를 이기지 못한다. 자존감이 너무 강한 아이는 이기지 못하면 화를 낸다. 너무 낮은 아이는 져도 그만, 이겨도 그만이다.

난 아이들에게 경기 결과보다는 과정을 물어보고 과정에서 잘한 점을 말해보라고 한다. 그 경기에 잘한 부분이 있으면 클립을 이용해 잘한 내용을 기억하게 한다. 자존감이 낮은 아이도 클립을 이용해 잘한 부분을 자세히 설명하면 자신감이 많이 올라간다.

지도 경력이 2년 되던 해에 같은 종목을 지도하고 있던 다른 초등학교 감독 선생님이 합동 훈련을 한 달간 같이하자고 제안하셨다. 함께 합숙을 해서 단합을 키워보자는 의견이었다. 4월 중순에 충남 대표를 뽑고, 5월 말에 전국소년체전을 나간다. 난 학교 교장 선생님, 감독 선생님과 상의 후 제안을 받아들였다.

난 우리 학생 세 명을 데리고 옆의 학교로 같이 가고, 기존의 아이들은 감독 선생님이 지도를 맡았다. 우리 대표팀은 실력은 좋았지만, 자신감이 부족했다. 항상 경기도 팀을 만나면 겁부터 먹고 자기 기량을 다 발휘도 못 하고 지는 경우가 대부분이었다. 자신감을 키워야 했다. 자신감을 키우기 위한 첫 번째 훈련은 산이었다. 올라갈 때는 15분 정도 뛰어 올라갔다. 내려올 때는 부상 방지를 위해 차를 타고 내려왔다. 두 번째는 자신이 제일 잘하는 부분을 더 강화했다. 그렇게 잘했을 때는 칭찬을 아끼지 않았다.

3주 차가 되자 체력과 기량이 눈에 띄게 달라졌다. 결승전 상대는 과거에 한 번도 꺾지 못한 경기도였다. 하지만 우리는 달라져 있었다. 이길 수 있는 기회가 왔을 때 제일 잘하는 무기를 썼다. 충남은 20년 만에 금메달을 목에 걸었고, 그다음 해에도 금메달을 목에 거는 쾌거를 이뤘다.

전국소년체전에서 금메달을 획득한다는 건 하늘이 도와야 가능하다고 한다. 사실 그 말이 맞다. 지도자만 잘하거나 아이들만 잘해서는 안 된다. 또한, 학교와 교육청, 부모님들의 열의가 없었다면 획득하기 어렵다.

지금은 다른 곳으로 가셨지만 감독 선생님의 대단한 열정과 교육에 감사를 표하고 싶다. 히딩크가 왜 우리나라에 와서 기술 훈련보다 체력 훈련을 강조했는지 이해가 되었다. 시합이 한 달 남은 시점에 산을 뛰게 훈련시키는 학교가 몇 군데나 있을까? 아이들의 부족한 부분을 제대로 캐치해서 그것을 집중적으로 훈련해 최대의 성과를 낸다는 건 대단한 일이다.

어른들은 아이들에게 아이들 스스로가 대단한 존재라는 것을 항상 말해주어야 한다. 그리고 내가 항상 뒤에 있다고 이야기해주고, 도움이 필요하다면 언제든지 도와줄 수 있다고 말해주어야 한다.

코비 브라이언트(Kobe Bryant)는 "당신은 나만큼 시간을 쏟지 않기 때문에 절대 나보다 잘할 수 없다. 그래서 난 이미 승리한 것이다"라고 말했다. 아이들에게 자존감이라는 지지대를 만들어줄 때 자기 인식을 하고 있는지, 운동을 할 의사가 있는지, 열정을 갖고 있는지, 지도자의 피드백을 수용할 수 있는지 등 이 모든 합이 자연스레 나오는 결과가 자신감이다.

내가 6학년 때 젊고 자신감 가득한 선생님이 우리 반을 맡았다. 그 당시 학생 수가 적어 2반까지만 있었다. 수업 첫날부터 선생님의 눈은 초롱초롱했다. 난 키가 작아 맨 앞에 앉아 있었다. 그 시절에는 선생님이 가정 방문을 하셨는데, 난 우리 집을 보여주는 것이 부끄러웠다. 아빠는 내가 네 살 때 씨름을 하다 창이 생겨 돌아가셨다. 그 당시, 우리 집은 할머니를 모시고 사는 기초생활수급자였다. 준비물을 사기 위해 엄마는 쌀을 팔아 돈을 마련해주셨다. 나는 그런 집안이 부끄러워 위축되었다. 그때 선생님이 우리 집 형편을 아시고, 날 옥상으로 몰래 불러 한 달에 한 번씩 용돈을 주셨다.

그리고 시합에 나갈 때면 선생님은 내게 항상 '넌 할 수 있는 아이라고 잘 하고 있다'고 이야기해주셨다. 누군가 내 편이 있다는 것으로 나는 내가 할 수 있다는 긍정적인 생각을 가질 수 있게 되었다. 그렇게 운동을 포기하지 않고 중학교에 특기생으로 진학하게 되었다.

6학년 때 그 선생님을 만나지 않았다면 나는 운동의 길로 가지 않았을 것이다. 나도 이제 누군가에게 내 한마디 한마디가 힘이 될 수도, 독이 될 수도 있는 지도자의 입장에 있다. 초등학교 아이들에게 동기부여를 해줄 수 있는 안내서 같은 지도자로 남겠다고 늘 다짐하게 된다.

우리나라 운동체계는 아직 많이 부족하다. 운동만 잘해서는 노후까지 먹고살기 힘들다. 비인기 종목뿐만 아니라 인기 종목도 상위 1%에 들지 못하면 노후는 어떻게 될지 모른다. 공부하는 아이들도 공부만 잘한다고 좋은 곳에 취직할 수 있는 것이 아니다. 두 가지 다 잘해야 성공으로 더 빠르게 갈 수 있다.

서양철학의 뿌리를 만든 플라톤(Plato)은 "신이 우리에게 준, 성공에 필요한 두 가지 도구는 교육과 운동이다. 하나는 영혼을 위한 것이고, 다른 하나는 신체를 위한 것이다. 하지만 이 둘은 결코 분리할 수 없다. 둘을 함께 추구해야만 완벽함에 이를 수 있다"라고 했다. 반대로 말하면 운동만 해서도 성공을 이룰 수 없다고 할 수 있다. 학교에서는 이 둘이 융합되도록 아이들을 지도하고 있다. 교실에서는 나보다 교육을 잘 지도하시는 선생님이 공부를 지도하고 있다. 그리고 수업 전후로 아이들은 나의 지도로 운동을 한다.

리더는 경쟁에서 앞서나가기 위해 노력해야 한다. 다른 사람들이 보지 못하거나 보지 않는 것들을 볼 수 있어야 한다. 아이들을 이끌어 앞으로 나가기 위해서는 내 생각을 아이들에게 이야기하고 함께 한 발씩 나아가야 한다.

나는 아이들에게 첫 번째는 공부를 내려놓지 말라고 이야기한다. 두 번째는 운동만 하지 말라고 한다. 세 번째는 배움을 통해 자신의 것으로 만들라고 한다. 네 번째는 인성이 된 사람이 되라고 한다. 다섯 번째는 저축하는 습관을 들이라고 한다. 여섯 번째는 좋은 습관을 통해 자신을 성장시키라고 말한다.

매일 아침, 우리는 돼지저금통에 저금한다. 그리고 나는 아이들에게 매일 인성교육을 시청하게 하고, 배운 것을 발표하게 한다. 그리고 책을 읽은 후 감상문을 네이버 카페에 쓰게 한다. 매일 긍정적인 생각들을 적고 서로 소통한다. 내가 지도하는 이곳은 운동만 하는 곳이 아니라 자존감을 높일 수 있도록 그 지지대를 튼튼하게 만드는 곳이다.

# 2장
# 운동하는 아이가
# 행복하다

# 01

# 운동하는 아이가
# 행복하다

오늘도 8시에 초등학교 운동장으로 향했다. 8시 10분이 되면 아이들은 서로 도착하겠다고 앞다투어 경쟁한다. 아침마다 벌어지는 풍경이다. 그리고 너 나 할 것 없이 라켓과 공을 가지고 서로 좋은 자리로 가겠다고 뛰어간다. 뒤이어 온 아이들은 가방을 정리하고 대기열에 가서 기다린다. 난 이 모습을 11년 동안 보고 있다. 여름, 겨울 상관없이 이 시간이 되면 우리 학교 운동장은 붐빈다. 아이들의 생기발랄하고 때묻지 않은 표정을 보고 있으면 나조차도 기분이 좋아진다. 실력이 있고 없고를 떠나 우리 아이들은 모두 행복을 가져다준다.

물론 학교에 지각하는 친구들도 많이 본다. 아침이면 아이와 전쟁을 하는 부모들도 많다. 우리 집도 예외는 아니다. 7시부터 밥

한번 먹이겠다고 계속 아이들을 어르고 달랜다. 하지만 좀처럼 일어나지 않는다. 아내의 목소리는 상냥한 고양이에서 점점 호랑이로 변해간다. 아이들은 무의식적으로 조금 있으면 잡아먹힌다는 것을 느끼고 벌떡 일어나 준비한다. 아이들에게도 직장인처럼 월요병이 있는 것이 아닌가 싶다. 둘째 아이는 종종 언제 금요일이 되는지 묻는다. 금요일이 빨리 왔으면 좋겠다고 한다. 직장인처럼 월요일에 어린이집을 가기 싫어한다.

코로나로 인해 요즘 아이들은 굉장히 답답해하고 있다. 마음대로 돌아다닐 수도 없고, 집에서도 뛸 수 없다. 그렇다고 매일 아빠와 엄마가 같이 나가 뛸 수도 없다. 예전에는 주말에 키즈카페에라도 가서 뛰어놀았지만, 지금은 키즈카페가 문을 닫아 갈 생각조차 못 한다. 대한민국 아이들은 지금 갈 곳이 없다. 학교라도 가면 다행이지만 학교도 못 가고 집에서 원격수업을 하면 아이는 공부와 게임만 한다. 이런 행동들이 반복되면 비만으로 가게 된다. 그리고 부모님들은 직장에 있으니 아이들은 방치될 수밖에 없다.

우리나라의 자살률은 가히 충격적이다. OECD 국가 중 자살률이 부동의 1위인 대한민국은 인구 10만 명당 자살자 수가 2010년 31.2명에서 2017년도 24.3까지 내려갔다가 다시 2019년 26.9로 올라갔다. 미디어 속 청소년 우울증이나 자살 관련 기사를 보다 보면 내 아이도 피해자가 아닐까 막연한 두려움이 생긴다. 어느 프로그램에서 아기가 어떻게 탄생이 되는지를 다루었다. 배 속에서 10개월이 된 아기는 밖으로 나올 준비를 끝낸다. 밖으로 나가지 않으면 아기는 배 속에서 죽는 것을 알기 때문에 나가려 한다는 것이다. 살기 위해 자기가 몸을 돌리고 머리까지 돌린다. 그리고 죽을힘을 다해 세상 밖으로 나온다. 그런 아이에게 우리는 행복을 선물해야 하지 않을까. 아이들이 교실에 갇혀 있는 것이 과연 아이들이 원하는 행복일까?

4학년 학생들을 대상으로 체육 수업 시간에 우리 운동을 알릴 기회가 생겼다. 7반까지 했는데 그중 열 명의 학생이 관심을 보이며 찾아왔다. 생각지도 못한 인기에 놀랐다. 하지만 열 명의 아이들을 모두 받을 수는 없기에 테스트를 진행했다. 일주일간 아침 운동을 참가한 학생에게 배울 기회를 준다고 했다.

그다음 날부터 바로 반응이 보이기 시작했다. 몇몇 아이들이 부모님의 반대에 부딪힌 것이다. 일주일이 지나고 여덟 명이 남았다. 그리고 두 번째 관문인 동의서를 건네주었다. 아이들이 하고 싶어도 부모님이 시키지 않으면 할 수가 없다. 아이가 아무리 좋아해도 부모의 허락 없이는 할 수 없었다. 그다음 날 다섯 명은 동의서를 받아왔다. 하지만 나머지 세 명은 너무 하고 싶은데 부모의 허락을 받지 못했다. 어떤 아이는 사실 학원을 세 군데나 다닌다고 했다. 운동하고 싶어도 할 시간이 없다고 하는 말이 너무나 가슴을 아프게 했다.

아이가 너무 하고 싶어 해서 내가 도와줄 방법이 없을까 고민하다 부모님께 전화로 상담을 했다. 돌아오는 것은 냉담한 말뿐이었다. 할 시간도 없고 우리 아이는 재능이 없다고 했다. 그렇게 몇 달이 지나 방학이 되었다. 난 그때의 아이가 생각나 주변 아이들에게 물었다. 아이들은 그 아이를 보려면 게임방을 가면 된다고 했다.

부모들은 아이를 다 안다고 생각한다. 하지만 겉으로 보이는 것은 극히 일부다. 운동을 시켜보면 그 아이가 가지고 있는 성격과 인성을 알 수 있다. 내가 보는 앞에서가 아니라 자기도 모르게 나오는 말과 행동들이 있다. 아이들이 행동과 말을 할 때 나는 주의 깊게 살핀다. 그리고 그것을 아이의 특성 목록에 적어놓고 좋은 방향을 모색한다. 단점만 가지고 말을 하면 아이는 받아들이지 않는다. 그래서 장점을 더 부각시켜 말해주고, 단점은 인식할 수 있을 정도로만, 그런 행동이 나올 때 이름만 불러주는 정도로만 하면 아이는 바로 알아차린다.

운동부 지도자들은 운동만 지도하는 것이 아니다. 아이가 스스로 행복을 찾을 수 있게 지렛대 역할을 한다. 교실과 학원에서는 배울 수 없는 도덕성을 지도한다. 도덕성이 있는 아이는 행복한 아이다. 도덕성이 있는 아이는 세상에서 필요로 한다. 우리는 매일 운동을 통해 작은 행복과 작은 실패를 경험함으로써 한 발씩 성장해나간다.

얼마 전, 오후 수업이 끝나고 한 아이가 상담을 하러 왔다. 마른 체형에 장난기 가득한 얼굴이었다. 하지만 하려는 의욕과 자신감이 보였다. 그날 이후 교실 수업과 학원을 마치면 빠지지 않고 운동에 참여했다. 처음에는 장난이 심해 전체적인 분위기가 어수선할 때가 많았다.

난 그 아이의 훈련 모습을 영상으로 찍어 아이에게 보여주며 "너의 모습을 직접 확인하니까 어떠니?"라고 물었다. 아이는 부끄러운지 자신의 장난이 너무 심하다고 했다. 자신의 모습을 직접 본 후, 아이는 어느 정도는 좋아졌지만, 그래도 아직 어려서 그런지 엄청나게 좋아지진 않았다. 그렇게 첫 시합에 나가게 되었다. 경험이 얼마나 중요한지 그 대회를 마치고 알았다. 아이에게 이기는 팀 선수의 자세를 보라고 했다. 시합장 분위기는 3학년 아이에는 충격으로 다가왔다. 대회 마지막 날 아이를 불러 소감과 배운 것을 말해보라고 했다. 아이는 "학교에서 했던 것과는 전혀 다르고, 공이 너무 강해서 깜짝 놀랐어요. 그리고 너무 재미있어요"라고 답했다.

초등학교에서부터 경험을 통해 자신에게 필요한 부분을 찾고, 그 능력들을 발전시키면 행복은 한 걸음 앞으로 다가와 있을 것이다. 우리는 아이가 인생의 0점에서 100점으로 가는 길을 안내해주는 내비게이션이다. 행복은 그렇게 멀리 있지 않다. 아이에게 무엇이 하고 싶은지, 무엇이 제일 재미있는지 물어보는 것이야말로 아이의 행복을 찾는 지름길이 아닐까.

모든 부모들은 아이의 행복을 바라지만 정작 말은 그렇게 하지 못한다. 또한, 부모 자신이 먼저 행복해야 아이 역시 행복할 수 있다. 지금 이 책을 읽는 당신은 지금 얼마나 행복한가? 부모가 행복하지 않은데 아이의 행복을 바라는 건 욕심이다. 나부터 작은 행복을 찾고, 아이에게 몸으로 보여주면 된다.

## 02

# 행복한 미래를 만드는
# 운동일기

반드시 운동 신경이 좋아야 운동을 잘할까? 내가 지도하는 아이들 중 10분 1의 아이들만이 운동 신경이 있다. 그럼 그 한 명만 운동을 잘하는 거냐고 묻는데, 아니다. 운동 신경은 가지고 태어난 것이고 운동을 잘하는 것은 만들어지는 것이다. 감독 선생님의 추천으로 4학년 아이가 들어왔다. 그 아이는 굉장히 도덕적인 아이였다.

아이지만 어른의 행동을 하고 모범적이었다. 하지만 하나님은 공평하신 분이라 모든 것을 주지는 않으셨다. 아이는 발이 느리고 공을 보는 눈이 느렸다. 한 발씩 늦다 보니 실수가 잦았다. 하지만 굉장히 성실했던 아이는 자신의 부족한 부분을 노력으로 커버했다. 한 번 뛰어보고 안 되면 또 뛰었다. 그리고 질문을 해서 자신의 부족한 부분을 찾았다. 나는 아이들에게 그날그날 운동 일기에 배운 내용을 기록하고 올리도록 한다. 또한, 오늘 감사한 일을 생각해서 올린 후, 댓글을 달아 서로 동기부여도 시킨다. 그날 촬영한 영상을 보고 잘한 부분과 아쉬운 부분을 체크해 메모장에 적는다. 이런 시스템을 통해 아이는 운동 신경이 낮은 단계에서 조금씩 성장해갔다. 지금은 학교 자체 평가전을 하면 상위권이다.

기록은 우리에게 과거의 자신을 돌아보는 계기가 된다. 운동 일기를 쓰는 것은 반복되는 실수를 줄여가는 데 목적이 있다. 하지만 쓰는 것으로만 만족한다면 발전이 없다. '왜?'라는 단어를 붙여 그 물음에 스스로 답을 찾을 줄 알아야 한다. 그다음 어떻게 할 것인지 구체적으로 쪼개서 작은 것부터 실천해야 한다. 예를 들어, 발 스텝 부분이 잘 안 되면 연습 영상을 보고 왜 잘못되었는지 파악하는 것이다. 그리고 스텝을 잘하는 사람의 영상을 검색해서 보면서 내 스텝과 비교해보고 깨닫는 것이다. 그리고 어떤 스텝이 나에게 맞는지 알아보는 것이다. 이것이 공부다. 내가 알려주는 것은 주입식 교육이라 오늘 배웠어도 내일 잊어버린다. 하지만 직접 찾고 공부한 것은 쉽게 잊어버리지 않는다.

그리고 행동함으로써 더 기억에 오래 남는다. 메모는 공부와 운동에 큰 도움을 줄 수 있다. 배우는 것에서만 끝나는 아이들이 많다. 배운 다음 단계가 없다면, 자기 것이 될 수 없다. 배운 후, 그것을 내 것으로 어떻게 바꿀 것인지가 중요한 핵심이다. 누구나 배운다. 하지만 그것을 자신의 것으로 만드는 사람이 있는가 하면, 자신은 절대 저것을 못할 것이라고 하는 사람도 있다. 행복한 일은 작은 성취감을 맛보았을 때 오는 경우가 많다. 100m 달리기를 20초에 뛰었는데 연습을 통해 18초에 들어왔다. 힘들지만 성공했다는 성취감에 행복을 느낀다. 우리는 힘들지만, 행동함으로써 승리와 패배를 맛본다. 그것이 쌓여 행복도 쌓인다.

어느 날, 11년 전 제자에게 장문의 문자가 왔다. 대학생이 된 제자는 짐 정리를 하다가 우연히 일기장을 발견하고는 내 생각이 나서 나에게 안부인사와 함께 일기장을 사진으로 찍어 보내주었다. 일기장에는 오늘 하루 힘들었다는 내용도 있었고, 나의 잘못된 언행도 포함되어 있었다.

나는 열정이라고 말하지만 그 아이에게는 상처로 남아 있었다. 그때 당시 기록했던 운동 일기가 아직 내 책상 속에 남아 있다. 운동 일기를 보면 그 시절의 나의 열정이 보이기도 하지만 부족한 부분이 더 많이 보인다. 제자가 나에게 보내온 것은 나를 반성하게 하는 문자였다. 그 당시의 나의 열정은 아이들에게는 버거운 무게였다. 칭찬보다는 단점을 말하고, 격려보다는 기합을 많이 준 시절이기도 하다. 그때의 아이들이 내 이미지를 그렸는데 머리에 뿔이 달려 있었다. 난 그 제자를 만나 그때의 잘못을 진심으로 사과하고 아직도 연락을 이어가고 있다.

누구나 완벽할 수는 없다. 그러니 자신의 부족함을 인정하고,

배우려는 자세가 있어야 한다. 리더는 자신의 비전을 제시할 줄 알아야 하며, 그 비전을 아이들에게 말할 줄 알아야 한다. 난 인성이 바른 아이들로 성장시키고자 노력한다. 또한, 공부와 운동을 병행함으로써 공부와 운동, 어느 쪽도 소홀히 하지 않게 한다. 그리고 책을 꾸준히 읽혀 자기계발을 하게 한다. 그 밖에 저금하는 습관을 만들어 경제 감각을 키워주려고 한다. 마지막으로 목표를 가지고 긍정적 암시를 통해 본인의 자존감을 높여준다.

나의 추억이 담긴 운동 일기장을 보다가 웃음이 났다. 지도자로서 2년째 생활했던 일기장이었다. 금요일 운동이 끝나고 아이들에게 머리에 대해 이야기했다. 운동선수로서 깔끔하게 머리를 다듬고 오라고 지시했다. 키 작은 우식이는 개구쟁이처럼 행동했다. 얄미운 행동을 하는데도 얄밉지 않고 전체 분위기를 올리는 그런 아이였다. 토요일, 서울 쪽에서 볼일을 보고 있는데 전화 한 통이 왔다. 우식이 어머님의 전화였다. 난 그 당시 학부모의 전화가 오면 혹시나 운동을 그만시키겠다는 전화일까 봐 불안한 마음이 먼저 들었다. 우식이 어머님은 "선생님, 이 녀석이 제 말을 안 들어요. 선생님이 전화를 좀 해서 깔끔하게 머리 좀 깎으라고 말씀 좀 해주세요. 그리고 제가 말했다고 말하지 말아주세요"라고 했다. 난 순간 머릿속으로 우식이가 어떻게 행동했을지 상상이 되었다. 알겠다고 하고 바로 우식이에게 전화를 했다. 전화를 받은 우식이는 친구들과 놀고 있었는지 옆에서 소리가 시끄럽게 들렸다. 내가

"우식아, 시합에 출전해야 하니 머리를 깔끔하게 깎고 오도록 해"라고 말하자, 우식이는 "네, 알겠습니다" 하고 답하며 통화는 끝났다. 월요일 아침 우식이는 깔끔하게 머리를 자르고 왔다. 그날, 일기장에는 우식이의 두발 교육이라고 쓰여 있다.

일기는 과거를 돌아보게 되는 좋은 지침서다. 자신의 걸어온 길을 보며 한 번 더 깊이 있게 자신의 태도를 반성하는 시간도 가지게 한다. 나는 문득 요즘 좋은 아이디어나 좋은 생각이 들면 바로 메모장을 꺼내서 쓴다. 특히 인성교육에서 좋은 말이 있거나 내가 배워야 하는 내용이 나오면 적는다. 그리고 저녁에 메모장을 보고 일기를 쓴다. 좋은 아이디어는 어떻게 훈련에 적용할지 생각한다. 그러다 보면 자료가 모여 조금 더 좋은 운동 시스템이 만들어진다. 조제 무리뉴(Jose Mourinho) 감독의 말이 생각난다. 그는 "팀이 이기는 것은 선수들이 잘한 것이고, 팀이 진다면 그것은 내 전술이 잘못된 것이다"라고 말했다.

모든 기록을 남기고 그 기록으로 말할 수 있어야 한다. 말은 누구나 할 수 있다. 기록과 메모는 선수들을 성장하게 할 수 있는 좋은 도구다. 말보다는 기록을 통해 아이들에게 증명해 보여야 한다. 좋은 지도자는 아이들의 부족한 부분이 무엇인지 알아야 한다. 부족한 부분을 메울 수 있는 도구를 찾아서 아이에게 맞는 프로그램을 짜야 한다. 그러한 프로그램을 만들려면 기록과 메모를 통해 얻은 것을 시스템에 적용해 아이에 맞게 적용해야 한다. 아이들은 말보다는 그림, 그림보다는 영상이 이해하기 쉽다. 다른 아이들과 비교하기보다는 자신이 원하는 사람이 누구인지 파악하고 분석하면 된다.

나는 아이들에게도 메모장을 가지고 다니게 해서 중요한 부분이나 해야 하는 일을 메모장에 적게 한다. 아이들은 금방 잊어버린다. 해야 하는 일도 말로 전달하면 돌아서면 까먹는다. 그리고 그날 해야 하는 일을 빨간색으로 표시하게 한다. 부모님들은 많은 부분을 아이에게 바라지만 정작 스스로 하는 아이는 없다. 아이가 스스로 적고 무엇을 했는지 확인하는 것부터가 시작이다. 시간은 빠르게 지나간다. 무엇을 안 했는가보다 무엇을 해야 할지 체크하고 확인하는 것이 중요하다.

나는 매일 아이들과 메모장을 확인하고 일기로 하루를 마무리하게 한다. 아이들이 어른이 되었을 때 하나의 추억이 되지 않을까 생각한다. 어른이 된 아이들은 내가 했던 실수들을 반복하지 않고 더 좋은 습관으로 자신들을 발전해나갈 수 있지 않을까.

# 03

# 운동장을 빼앗긴
# 아이

2020년 1월, 전국대회에서 우승하고 돌아왔다. 아이들은 우승하고 와서 그런지 더 열정이 넘쳤다. 그런데 다음 대회를 준비하는 우리에게 점점 심해지는 코로나19의 영향으로 1월 말에 운동 잠정 중단이 내려졌다. 그로 인해 나 혼자만 학교에 출근하게 되고, 아이들은 집에서 아무런 대책 없이 있을 수밖에 없었다. 한 달에서 두 달로 점점 기간이 길어지자 나도 점점 불안해졌다. 운동 기량과 자신감이 걱정되었다.

그렇게 걱정은 사실이 되어 돌아왔다. 6학년 학부모에게 장문의 문자가 왔다. 상담하는 데 아이가 운동보다 학원에서 친구들과 노는 것이 너무 재미있다고 했다. 그래서 운동은 그만하고 공부하고 싶다고 했다. 나로서는 방법이 없었다. 그래서 일단 아이들과 노는 것을 더 해보라고 했고, 일주일 뒤 그 아이와 상담을 했다. 지금 당장은 운동보다는 친구들과 어울리는 것을 해보고, 6월 1일부터 운동할 수 있으니 그때 일주일간 운동해보고 결정하라고 조언했다. 일주일간 운동을 해본 아이와 다시 상담했고, 아이는 다시 운동하고 싶다고 했다. 흥미를 되찾은 얼굴이었다.

우리는 원하지 않았지만, 환경이 이렇게 무서운 것이다. 운동하고 싶어도 못하는 상황을 누가 상상이나 했겠는가. 다섯 달 동안 운동장은 어둠으로 가득했다. 체육관은 폐허가 된 공간처럼 느껴졌다. 나도 코로나를 비껴갈 수 없었다. 68kg에서 78kg까지 급격한 몸무게 변화가 생겼다. 집에 갇혀 밖을 나가지 못하니 아이들의 몸의 변화도 상당했다.

교육부가 발표한 '2019년도 학생 건강검사 표본통계'에 따르면 초 · 중 · 고 학생 중 과체중 이상인 비율은 25.8%(비만 15.1%, 과체중 10.7%)로, 학생 네 명 중 한 명은 체중이 정상 범위를 벗어난 것으로 나타났다. 또한, 도시보다 농어촌 지역에서 과체중 학생 비율이 더 높은 것으로 분석되었다. 비만율은 2017년 13.6%에서 2019년 15.1%로 증가했다. 최근에는 코로나19 여파로 학생 비만도가 훨씬 심화되었을 것으로 예상된다.

코로나로 인해 사회적으로 여러 가지 문제가 생겼지만, 우리 아이들의 피해는 더 심각하다. 공부뿐만 아니라 운동을 못 하는 아이들의 건강이 우려된다. 우리는 운동이 우리에게 주는 것들에 감사함을 느껴야 한다.

우리는 코로나 여파로 인해 대회를 포기해야 하는지 깊은 고민에 빠졌다. 하지만 아이들이 경험이 없다 보니 동기부여가 없다는 것이 아쉬웠다. 감독 선생님과 상의 후 우리는 대회 경험을 하게 해주는 것으로 결정했다. 그리고 감독 선생님은 학교 측과 교육청 쪽에 문의해 허락을 구했다. 안전을 우선시한다는 공문을 받고 우리는 아이들을 데리고 대회에 참가했다. 문체부에서는 초등 대회는 기본 학습권을 보장하기 위해 주말에 열리도록 규정했다. 경험을 통해 아이들이 한 번 더 성숙하는 계기가 되었다.

경기도 지도자 선생님과 이야기를 나누며 이번에 선수들이 좋은지 물었다. 지도자 선생님은 깊은 한숨을 내쉬며 말을 이었다. 선수는 있는데, 학교 측에서 코로나로 인해 대회 출전을 막아 겨우 학교 측과 합의해 한 명의 선수만 데리고 출전했다고 했다. 난 우리 학교와 교육청의 지원에 감사하다고 생각했다. 사실 안전이 제일 먼저다. 하지만 아이들에게 운동은 필수이면서 동기부여 역시 필요하다. 대회 성적보다는 아이들이 경험을 통해 운동할 수 있다는 것이 감사했다.

우리는 건강을 중요시하면서 운동은 말로 하고 있다. 초등학교, 중학교, 고등학교로 올라갈수록 운동은 거꾸로 가고 있다. 엘리트 선수들은 점점 갈 곳이 사라지고 있다. 운동은 좋다고 하지만 엘리트 운동은 하면 안 된다고 한다. 일본의 경우 초등학교, 중학교 때 클럽활동으로 운동 하나는 반드시 해야 한다. 우리나라도 초등학교부터 클럽활동을 활성화해서 아이들이 초등학교에서 운동 하나는 배워야 한다. 모든 운동은 삶의 중요한 부분을 차지한다. 자신감과 성취감, 도덕성과 사회의 전반적인 것을 배우고 규칙을 배우기 때문에 아이의 성장에 큰 도움이 된다.

운동은 우리 아이들에게 행복을 만끽하게 할 수 있는 최고의 선물이다. 아이들은 운동은 꼭 잘해야 한다고 생각한다. 하지만 운동은 잘해서 하는 것이 아니라 하니깐 잘해지는 것이다. 모든 운동에는 방법이 있고, 그것을 잘할 수 있는 시스템이 있다. 그 시스템이 잘되어 있으면 보다 쉽게 배울 수 있다. 모든 운동에는 기초가 있다. 그 기초를 배우고 다지는 것은 삶의 기초를 배우는 것과 같다. 기초를 무시하고 배우면 첫 단추를 잘못 끼운 것이나 다름없다. 그렇기에 기초를 시작하는 초등학교에서의 스포츠는 굉장히 중요하다. 운동을 시작하는 시기가 늦어지면 늦어질수록 기능은 떨어진다.

우리나라 스포츠도 운동을 생활화하는 엘리트 운동보다는 일본처럼 클럽으로 즐기는 운동 문화를 만들어야 한다. 성적 지향으로 가다 보면 아이들은 더 병들고 아파할 수밖에 없다. 나라 경제는 발전했을지 모르지만, 스포츠는 거꾸로 가고 있다.

나는 대학교 때 처음 해외여행을 갔다. 대학연맹에서 우승한 덕분에 한국 대표로 일본 왕중왕전을 참가했다. 일본은 소프트테니스를 야외뿐만 아니라 실내 체육관에서도 많이 했다. 그래서 일본에 가기 2주 전부터 체육관에서 운동했다. 일본의 스포츠에 대한 이야기는 말로만 들었다. 운동을 자유로운 분위기에서 하고, 운동하고자 하는 학생은 많은데 지도자가 부족하다고 했다. 우리나라는 반대의 경우다. 운동하는 아이들은 없고, 우리가 어르고 달래서 운동을 강제로 시키는 분위기다. 말로만 들었던 것을 직접 일본에 가서 보니 생각보다 더 놀라웠다. 우리나라 소프트테니스는 비인기 종목으로, 모르는 사람이 대부분이다. 소프트테니스라고 하면 테니스라고 생각하는 사람이 많다. '정구' 고무공으로 하는 운동이라고 하면 옛날 분들은 알지만 최근의 학부모들은 대부분 모른다.

일본에 도착해 숙소를 잡았다. 그다음 날 아침은 뷔페였기에 감동까지 받았다. 시합장으로 간 순간, 우리 팀은 충격에 휩싸였다. 대부분의 엘리트 팀의 인원은 열 명 남짓이다. 우리 종목 특성상 여섯 명이 최소 인원이다. 그런데 일본 팀은 마흔 명 정도가 한 팀이었다. 지도자는 한 명인데 그게 가능한지 의문이 들었다. 경기가 시작되는 순간, 축구장 함성과 깃발을 흔드는 응원에 또 한 번 충격을 받았다.

일본은 자기 본업이 있고 취미로 운동을 했다. 어쩔 수 없이 하는 것이 아니라 자기가 원해서 하는 것이다. 일본의 소프트테니스는 유치원부터 한다고 한다. 그리고 학교에 운동부가 아니라 외부의 클럽으로 구성되어 있어 지도자가 부족하다고 한다. 반면 우리나라는 지도자는 많지만, 선수가 부족하다. 매년 엘리트 선수들은 줄어들고 운동을 하려는 학생들 역시 줄어들고 있다.

교육부가 발표한 2020년 '학생 희망 직업 조사' 결과, 초등학교는 1위 운동선수, 2위 의사, 3위 교사순이었으며, 중학교는 1위 교사, 2위 의사, 3위 경찰관, 고등학교는 1위 교사, 2위 간호사, 3위 생명·자연 과학자 및 연구원으로 집계되었다. 초등학교에서 1위였던 운동선수는 중학교에서는 없다. 교육부에서는 이런 자료를 토대로 현재 아이들에게 운동을 얼마나 부족한지 인식하고 변화가 필요하다. 이제는 우리나라도 아이들에게 운동장을 개방하는 동시에 운동을 함께해야 하는 사회적 분위를 만들어주어야 한다. 점점 더 심해지는 입시 경쟁에서 우리 아이들을 살려야 한다. 우리는 아이들에게 행복을 물려줄 수 있어야 한다. 우리 어른들은 교실에 갇혀 있는 아이들을 다시 운동장으로 돌려보내야 한다. 땀은 거짓말을 하지 않는다.

# 04

## 스마트폰에 빠진
## 아이

코로나19는 모든 것을 뺏어갔다. 학교 교실에서 웃고 떠드는 아이, 운동장을 뛰어다니는 아이도 집으로 돌려보냈다. 아이러니하게 어른들은 직장에 나가야 하고, 아이들은 집에 있어야 하는 상황이다. 그러다 보니 자연스럽게 원격수업으로 스마트폰을 줄 수밖에 없는 상황이다. 원격수업이 목적이 되어야 하는 상황에 아이들은 스마트폰으로 게임과 유튜브를 자연스럽게 본다. 코로나가 장기화되면서 아이들의 스마트폰 의존도가 높아졌다. 우리 운동부 아이들도 예외는 아니었다. 한 아이의 부모님으로부터 혹시 아이가 운동에 참여했는지 묻는 연락이 왔다. 그러나 아이는 나에게 학원 때문에 못 나온다고 문자를 남겼다. 무엇인가 잘못되었다는 생각이 들었다. 학원과 운동을 다 빠지고 스마트폰으로 게임을 한다는 것이다.

이 아이만의 문제가 아니다. 강득구 의원의 자료에 의하면, 아이들의 인터넷과 스마트폰 중독이 심각한 상황으로 판단된다. 여성가족부에서 작년 6월 29일부터 7월 31일까지 전국 학령 전환기(초등 4학년, 중등 1학년, 고등 1학년) 청소년 133만여 명을 대상으로 벌인 '2020년 인터넷ㆍ스마트폰 이용 습관 진단조사' 결과에 따르면, 사용 시간이 점점 늘어 자기조절이 어려워 주의가 필요한 '주의사용자군'은 2018년 23만 3,397명에서 28만 3,363명으로 4만 9,866명이 증가한 것으로 나타났다.

또한, 인터넷과 스마트폰 중 하나 이상에서 위험군으로 진단된 청소년은 22만 8,120명으로 집계되었으며, 두 가지 문제를 모두 가진 청소년(이하 중복위험군)은 8만 3,914명이었다. 학교에서는 수업이 끝난 후 학원에 가기 전 1층 바닥에 앉아 스마트폰으로 게임을 하는 아이들을 심심치 않게 볼 수 있다. 나쁜 습관은 어느 순간 우리 아이들의 삶에 깊숙이 들어와 있다.

물론 스마트폰 자체가 나쁘다는 것은 아니다. 우리가 그것을 어떻게 활용하느냐에 따라 좋은 습관이 될 수도, 나쁜 습관이 될 수도 있다. 아이들을 좋은 방향으로 이끌어나가고 발전시키는 목적으로 스마트폰을 사용해야 한다.

예를 들어, 유튜브를 통해 우리가 배울 수 있는 운동의 기능을 찾아서 공부해본다. 나 역시 유튜브를 통해 자료를 찾아보고 가공해 내 것으로 만든다. 우리 어른들은 아이들 앞에서 스마트폰을 통제할 수 있는 모습을 먼저 보여야 한다.

우리는 매일 아침 8시 10분에 운동을 시작하기 위해 모인다. 나는 아이들에게 메모장을 가지고 오라고 했다. 그다음 날 아침, 아이들을 불러 모았다. 아이들은 집합했고, 나는 준비물에 관해 물었다. 가져오지 않은 아이들이 대부분이었다. 다시 한번 질문했다. 스마트폰을 안 가지고 온 학생은 몇 명인지 알고 싶었다. 독자 여러분들이 생각하고 있는 숫자가 맞다. 그 순간, 스마트폰이 아이들에게 얼마큼 중요하게 여겨지는지 알 수 있었다.

우리가 스마트폰을 지배하는 것이 아니라 스마트폰이 우리를 지배하고 있는 세상에 살고 있다. 하루라도 스마트폰이 없는 세상을 상상할 수 있는가? 집에 있는 물건이 고장이 나도 당장 불편하지 않으면 그냥 둔다. 하지만 스마트폰이 안 켜진다면 어떤가? 그렇다. 당장 AS를 받든지 새 제품으로 교환한다. 얼마 전, 나는 차에서 내리면서 스마트폰을 떨어트렸다. 순간 움찔하면서 다시 들었는데 홈버튼이 안 눌러졌다. 액정에 미세하게 금이 가서 터치가 되지 않았다. 며칠 노트 펜으로 홈버튼을 누르며 쓰다가 펜까지 부러졌다. 수리비용이 22만 원이라는 것에 놀랐다. 중고 휴대전화를 18만 원에 샀는데, 수리 비용이 더 든다는 것이다. 할 수 없이 40만 원짜리 스마트폰을 샀다. 스마트폰은 우리 삶 속에서 일부가 되었다는 사실을 다시 한번 깨닫게 된 에피소드다.

요즘 아이들이 사용할 수 있는 스크린 미디어가 굉장히 많다. 어린아이들은 그 고사리손으로 온갖 영상과 게임에 노출되어 있다. 그 세상에서 멀찌감치 떨어뜨려 놓는 것이 과연 가능하기는 한 것인가 하는 생각이 들기도 한다.

요즘 웬만한 아이는 만 2세 이전에 스크린에 노출된다. 이는 미국소아과학회의 권고에 어긋나는 것이다. 이제는 어른들이 아이의 미디어와 스마트폰에 대한 가치관을 바로잡고 바른길로 갈 수 있도록 해야 한다. 그러기 위해서는 부모들이 가치관을 세우고 일찍부터 원칙을 고민하고 결정해야 한다. 부모로서 어떤 콘텐츠를 허락할 것이고, 어떤 것을 하면 안 되는 것인지 기준을 확립하고 실행해야 한다.

자녀에게 처음 스마트폰을 줄 때는 '스마트폰 사용 계약서'를 이용하면 좋다. 자녀와 사용 범위를 명시해놓고 스스로 지킬 수 있게 도와주는 것이다. 나의 약속을 정하고, 행동하기 전 생각을 먼저 한다. 균형을 지키고 가족과의 약속도 명시한다. 잘 보이는 곳에 붙여놓고 자녀와 함께 체크하면서 원칙을 지킬 수 있게 믿고 지켜봐주자.

초등학교에 다니는 아이들은 교실에서 공부하면서 많은 스트레스를 받는다. 학원에 가서도 마찬가지다. 집에 가서도 쉬는 것이 아니라 다시 공부다. 스트레스를 풀 수 있는 유일한 장치가 작은 스마트폰이다. 안타까운 현실이다.

우리는 중독이라는 말을 들으면 기분이 별로 좋지 않다. 하지만 우리 주위에는 무엇인가에 중독된 사람들이 굉장히 많다. 나도 그 중 한 명이었다. 나는 어릴 적 친척 집에서 매일 부루마블 게임을 했다. 게임 종이돈을 가지고 건물을 사고 이익을 냈다. 어른이 된 나에게 즐거운 추억으로 남아 있던 어느 날, 스마트폰으로 '모두의 마블'이라는 게임이 등장했다. 그 당시, 둘째 아이가 태어났는데 나는 스마트폰을 손에서 놓지를 않았다. 두세 달간 정말 미친 듯이 했다. 공기계 스마트폰 네 대를 가지고 점수를 올리기도 했다. 일주일 단위로 높은 등수에 오르면 다이아를 줬다. 그때 나는 전국 2위까지 점수를 올렸다. 어느 것에 중독이 되면 스스로 통제가 안 되고, 다른 일을 해도 그 생각만 나게 된다. 직접 중독되어 본 사람만이 잘 알 수 있다. 혹시 자녀가 그런 행동을 보인다면 유심히 살펴볼 필요가 있다.

코로나 이후 우리 아이들의 생활 방식에 많은 변화가 찾아왔다. 평상시보다 혼자 있는 시간이 많아지고, 학교보다 집에 있는 시간이 늘었다. 통계에 따르면, 청소년층 아이들의 경우, 네 명 중 한 명꼴로 스마트폰 중독 현상이 나타났다고 한다. 그리고 과의존 위험군이 무려 35.8%를 기록하고 있다. 여기서 문제점은 약물 중독자와 비슷한 성격적 특성을 보인다는 데 있다. 스마트폰을 더 하기 위해 거짓말을 일삼는 것이다. 학원에 빠지거나 운동을 빠지기도 한다. 나 역시 게임에 중독되어 그 당시 태어난 둘째에게 소홀했기에 지금까지 미안한 마음이 든다. 어떤 것에 중독될 정도로 빠지면 삶에서 더 중요한 것을 놓치게 된다. 스마트폰으로 인해 삶에서 중요한 것을 놓치는 일은 없어야 한다.

이제는 스마트폰을 내려놓고 아이들에게 육체적·정신적으로 인생에 도움이 되는 운동을 권하는 것이 어떨까. 부모는 아이들을 올바른 길로 갈 수 있게 도와야 한다.

나는 아이들이 운동을 시작하면 한곳에 스마트폰을 보관하게 한 후, 진동으로 바꾸고 운동에 집중할 수 있게 한다. 그리고 종종 스마트폰을 들고 1분간 알람을 설정한 후, 눈을 감고 집중력 훈련을 한다. 그 외에도 스마트폰을 활용해 연습 영상을 찍어서 비교 분석을 하고 자세를 교정한다. 스마트폰을 어떻게 쓰는지에 따라 좋은 영향을 줄 수도, 나쁜 영향을 줄 수도 있다는 것을 명심하자.

아이들에게 스마트폰의 무서움을 전하고자 자료를 찾다가 유튜브의 세바시 강연 채널에서 '스마트폰으로부터 아이를 구하라!'라는 권장희 놀이미디어교육센터 소장의 교육을 접했다. 아이들에게 영상을 보여주고 나도 다시 한번 보았다. "대략 일주일에 3일, 하루 1시간 이상 초등학교 1학년 때부터 6학년 때까지 스마트폰을 한다면 중학교에 가서 깊이 생각하는 게 불가능합니다. 사물에 대해 이해할 수가 없게 됩니다"라고 니혼대학 신경과의 아키오(森昭雄) 교수가 말했다고 한다.

미국에 발도르프 초등학교가 있다. 이 학교의 재학생은 70% 이상이 구글, 애플, 야후, 마이크로소프트 등 정보통신(IT)기업에 다니는 학부모의 자녀들이다. 등록금이 2,000만 원이 넘고, 스마트폰 사용도 금지되어 있다. 이 학교의 90%가 구글 검색으로 숙제를 해본 적이 없다. 직접 몸으로 경험하고 답을 직접 찾아보는 것이다. 남의 생각을 도용하는 것이 아니라 내 생각을 디자인하는 것이 중요하다. 전두엽을 사용해 정리, 표출되어야 학습이 된다. 우리 아이들의 작은 손에서 스마트폰을 내려놓게 하고 함께 운동화를 신고 운동장으로 나가면 어떨까.

# 공부만 하는 아이에서
# 도전하는 아이로 키워라

나는 어떤 의미에서 보면 공부와 그다지 인연이 없었다. 공부를 어떻게 해야 하는지도 몰랐다. 어릴 때 유일하게 받아본 수학 학습지 테스트가 전부였다. 운동은 공부하기 싫은 나의 돌파구이면서 외로움을 달래는 도구였다. 내 삶은 다이어트 실패와 요요현상, 게임 폐인, 잦은 술자리, 가족에 대한 불만으로 점점 나락으로 치닫고 있었다. 삶의 터닝 포인트가 필요했다.

2020년 7월 1일은 나의 터닝 포인트 지점이다. 나는 살과의 전쟁을 선언하고 그 밖에도 내 인생의 전반적인 문제점을 점검했다. 그리고 인정했다. 도전을 시작했다. 나는 몸무게 10kg을 줄였고, 바디 프로필까지 찍었다. 과거와 달리 게임을 할 시간이 없다. 글 쓰는 것에 목말라 있었고, 책을 읽는 것이 너무 좋다. 시간은 누구에게나 공평하게 주어진다. 그 시간을 어떻게 쓰는지에 따라 오늘 도전을 계속 이어나갈 수 있을지, 실패로 끝날지 결정된다.

8년 전까지는 초등학교에서도 중간고사와 기말고사가 있었다. 기존에 운동하는 아이가 점심시간을 이용해 재미있는 운동이 있다고 하며 친구를 데리고 왔다. 그 아이가 재미있어 하는 모습을 본 나는 운동을 한번 해볼 것을 권했다. 아이는 여러 개의 학원에 다니고 있어 운동할 시간이 없다고 했다. 그래도 부모님께 허락을 받아보라고 했다. 그다음 날, 학원 시간을 조정해서 하기로 했다며 찾아왔다. 그 후 매일 1시간 정도 운동을 하다가 학원에 갔다.

아이는 운동이 처음인지 스텝과 엉덩이가 무거워 보였다. 겨울 방학 동안 기초 체력 훈련과 스텝 훈련을 했다. 왕복 달리기 테스트 결과, 심폐지구력이 낮은 수준이었다. 부모님은 아이가 운동하는 것을 좋아하는 것을 알고 학원을 줄이고 운동 시간을 확보했다. 그 대신 공부도 하고 운동도 하는 것을 원칙으로 세웠다. 전교에서 상위권을 유지하는 학생이었다. 아이에게 운동 욕심이 생기더니 겨울방학 동안 왕복 오래달리기 44개에서 최고 단계까지 목표를 잡았다. 아이들과 같이 뛰면서 급격히 심폐지구력이 올라갔다. 겨울방학이 끝날 때 기록은 93개였다.

우리는 매일 선택을 해야 한다. 어떤 중요한 일이 있을 때, 자기가 생각한 범위 안에서 선택한다. 만약 살을 빼야 하는 상황이라면 회사를 마치고 가까운 헬스장에 가거나 공원을 걷는다. 하지만 대부분은 시간이 없다거나 힘들다는 핑계로 집으로 간다. 아이를 방치하는 부모도 많다. 특히 아이가 비만이 되어도 걱정은 하지만, 운동을 시키지 않는다. 부모가 운동하지 않는데 자녀가 운동을 하겠는가. 운동하는 시간을 거창하게 정하는 것이 아니라, 밥 먹고 다 같이 운동화를 신고 가벼운 마음으로 시작하자.

앞에서 이야기한 공부도 상위권을 유지했던 아이는 초등학교 6학년까지만 운동을 하고 기초 체력이 단단한 상태에서 운동보다는 공부를 선택해 중학교에 진학했다. 아이의 부모님을 뵌 적이 있는데, 자기관리를 철저히 하시는 분들처럼 보였다. 굉장히 젊어 보이셨고, 자기계발을 열심히 하시는 듯했다. 그렇기에 아이 역시 공부와 운동을 병행하며 성실히 이어나갈 수 있었던 듯하다.

가끔 그 아이는 주말에 초등학교 운동장에 와서 친구들과 농구를 하기도 한다. 부모에게는 아이의 공부가 가장 중요하게 여겨지겠지만, 초등학교 자녀를 둔 부모라면 운동 역시 반드시 시키는 것이 좋다. 시험이 사라진 현 시점에서 초등학생이 자기의 한계를 뛰어넘는 경험을 할 수 있는 것은 운동밖에 없다.

당신은 지금 자녀를 위해 어떤 노력을 기울이고 있는가? 노력을 하고 있지 않다면 당장 주위 학교나 클럽활동을 알아보고 시키기 바란다. 특히 아침에 하는 운동은 대한민국 모든 학생이 참여해야 한다. 《운동화 신은 뇌》의 저자 존 레이티 박사는 0교시의 체육 수업을 연구한 결과, 아이들의 학습이나 집중력이 향상되었다고 한다. 미국 보통 학교의 경우 30%가 비만인데 네이퍼빌 학군은 3%만 비만이다. 경이적인 건강 상태를 자랑하고 있다. 나도 처음에 살을 빼기 위해 운동을 시작했다. 6개월간 살을 빼기 위해 달걀과 우둔살, 닭가슴살만 먹었는데 그 당시 들었던 생각은 '평생을 이렇게 먹을 수 없다'였다. 6개월이 지난 후 나는 생각을 바꾸었다. 살을 빼기 위한 것이 아니라 평생 건강을 위한 도전을 시작했다. 건강이라는 도전을 하면서 마음의 위로가 되었다.

우리는 혼자 살아갈 수 없다. 향후 자라서 사회에 나가야 하는 우리 아이들도 사회에 적응하려면 지금부터가 중요하다. 사회는 준비되어 있지 않으면 소외감을 느끼기 쉽다. 초등학교에서 공부는 혼자 해야 하지만, 운동은 같이할 수 있다. 그리고 선의의 경쟁을 통해 나를 발전시킬 수 있다. 운동은 아무리 강조해도 좋은 것이 너무 많다.

첫째, 스트레스를 풀 수 있다. 둘째, 성취감을 맛볼 수 있다. 셋째, 규칙을 배울 수 있다. 넷째, 자신감을 얻을 수 있다. 다섯째, 자기 한계를 뛰어넘을 수 있다. 여섯째, 자신이 부족한 부분을 알 수 있다. 일곱째, 기초 체력이 올라간다. 그 외에도 많은 장점이 있지만, 마지막의 기초 체력이 올라가는 부분이 개인적으로는 참 좋다. 난 그것을 몸소 체험하고 있다. 기초 체력을 끌어 올리기 위해서는 자기 한계점을 넘어야 한다. 체력을 끌어 올리기 위해서는 매일 꾸준히 조금씩 더 해야 한다. 그렇지 않으면 체력은 올라가지 않는다.

공부할 때, 체력이 없으면 어떻게 될까? 의자 위에 앉아 있다 보면 금세 눈꺼풀이 무거워지고, 눈이 충혈될 것이다. 그러다 곧 소파 등의 편한 곳을 찾아간다. 공부할 체력을 위해서라도 운동은 중요하다.

우리 학교에서는 보통 8시 10분에 운동장에 모인다. 열한 명의 아이들은 운동복을 입고 줄넘기를 하며 몸을 푼다. 그리고 A팀과 B팀으로 나누어 준비한다. 200m 트랙에 준비해서 20m 푸쉬와 20m 러닝을 한다. 그 후, 40m 푸쉬와 40m 러닝을 하고 80m 푸쉬, 80m 러닝을 한다. 마지막으로 200m 푸쉬와 200m 러닝을 끝으로 1세트를 한다. 이 세트를 3세트로 진행한다. 그리고 줄넘기를 1단 뛰기와 스텝으로 뛰는 훈련을 마치고 정리 체조 후 교실로 들어간다. 아이들은 힘들어하면서도 운동이 끝나면 뿌듯한 얼굴을 하고 있다. 오후에도 왕복 오래달리기와 여러 가지 체력 훈련을 통해 자기 한계를 뛰어넘는 훈련을 이어나간다. 끝나면 힘들다고 말하면서도 훈련이 종료되어도 집에 안 가고 또 운동한다.

나와 같은 운동 지도자들은 도전을 통해 실패하더라도 다시 일어날 수 있도록 아이들을 인도하는 역할을 한다. 이 일은 나에게 굉장히 가치 있게 느껴진다. 아이들은 누군가 자기를 어떻게 대하고 믿어주는 것에 따라 어떤 방향으로 자랄지 결정된다.

어떤 연구에서 전체 학교 IQ 검사를 실시한 후 무작위로 20%의 학생 명단을 담임 선생님에게 전달했다고 한다. 연구자는 담임 선생님에게 IQ가 전체 등급의 20% 이상의 높은 학생들이라고 말했다. 그리고 몇 달 뒤 다시 조사했는데, 20%의 무작위 학생들은 전보다 더 좋은 성적을 냈다고 한다. 담임 선생님은 IQ가 높다는 생각으로 아이들에게 "너는 머리가 똑똑해서 잘할 수 있어"라며 관심을 가지고 격려를 아끼지 않았다고 한다. 우리 아이들은 천재성을 가지고 태어났다. 그 천재성을 사회에 나오면서 마이너스로 만들지만 않아도 반은 성공한다.

# 06

# 진짜 행복은
# 운동에 있다

지도 5년 차에 나에게도 슬럼프가 찾아왔다. 출근을 하기가 싫었다. 학교로 가는 길이 두려웠다. 재미가 없고, 어떻게 해야 하는지 몰랐다. 옆의 학교와 비교를 당하기도 하고 그만두고 싶었다. 전년도 전국소년체전에서 금메달을 획득한 아이들은 이미 졸업을 했기에 다시 처음부터 시작하는 기분이었다. 막막했다. 그래서 학교만 나오면 쉼터에 멍하니 있다 퇴근했다. 아이들도 나의 의욕을 보았는지 열심히 하지 않았다.

어느 날 감독 선생님이 나를 부르더니 여행을 제안했다. 제주도 여행 3박 4일 일정을 잡았다. 아이들에게도 휴가인 셈이었다. 제주도 여행 일정은 감독 선생님이 짜놓았다. 도착과 동시에 맛집과 관광지 투어를 시작했다. 여러 관광지를 다니면서 답답한 마음이 조금씩 사라졌다. 여행을 마치고 돌아오는 길에 건넨 감독 선생님의 말 한마디에 힘이 생겼다. 감독 선생님은 내게 너무 열심히 하려고 하지 말라고 했다. 내가 행복해야 아이들도 행복하다고 했다. 그 순간 난 부끄러웠다. 비교당하기 싫어 화나 있는 내 모습이 보였고, 아이들에게 상처 주는 내 모습이 보였다.

그다음 날부터는 아침 운동을 지도하기 전에 먼저 기도를 했다. 내 마음을 먼저 다스리고 아이들에게 독이 아닌, 살이 되는 말을 할 수 있도록 기도했다. 그 기도는 하루의 기분을 행복하게 보내려는지, 불행하게 보내려는지 선택하는 것과 같았다. 기도를 한 날은 다른 날과 다르게 아이들의 장점을 보려 했다. 그 이후 지도하는 것이 행복해졌고, 아이들의 얼굴에서도 미소가 보였다. 감독 선생님은 그해 다른 학교로 갔지만, 지금까지도 자주 연락하고 만나고 있다.

운동하면서도 기분이 좋을 수도 있고, 안 좋을 수도 있다. 하지만 지도자와 부모 입장에서 운동하는 아이들의 모습을 보면 행복하다. 아이들이 스스로 나와 공을 차는 모습을 보면 행복하다. 행복을 느끼고 싶다면 우리 학교로 오면 된다. 운동을 하면 하는 사람도 행복하지만 보는 사람도 행복해진다. 스포츠 경기를 보는 것도 그런 이유다. 나는 NBA 농구를 자주 시청한다. 보는 순간순간 긴장도 되고, 골을 넣지 못하면 같이 아쉬워한다. 그 선수와 내가 함께 뛰는 기분마저 든다. 행복을 찾아 멀리 떠나는 것도 좋지만,

가끔씩 주변 운동장을 나가 훈련하는 모습을 보아도 우리는 동기 부여를 받을 수 있다.

D라는 아이는 또래 친구들과 같이 운동을 시작했다. 이 아이는 학원을 두 개 이상 다녔기에 점점 다른 친구들보다 실력 차가 생겼다. 운동할 시간이 부족하다 보니 당연한 결과다. 우리는 대회 출전 3주 전에 자체 선발전을 한다. 선발전을 통해 복식(두 명이서 조를 형성하는 것) 대장, 부장, 삼장조를 선발한다. 평가전은 단식(한 명이 하는 것)으로 진행하고, 리그전을 통해 순위를 정한다. 리그전은 후위(원바운드 된 공을 치는 포지션)조와 전위(원바운드가 안 된 공을 처리하는 포지션)조로 구분되어 경기를 진행한다. D는 두 번의 자체 평가전에서 3위로 삼장조로 경기를 나갔다. 단체전(6명 이상의 팀)의 성적은 좋았지만, 개인전 경기는 예선 탈락을 했다. 같이 시작한 친구들은 개인전 우승을 하기도 했다. 학원을 그대로 다니면서 운동 시간을 확보하기는 어려웠기에 부모와 상의한 끝에 시간 조정을 했다. 마지막 대회 선발전을 하는데 여느 때와 다르게 자신감에 차 있었다. D의 자신 있어 하는 모습은 다른 아이들에게도 힘이 되었다. 자체 선발전 2위를 하게 되어 부장조로 대회 출전을 했다. 단체전은 아쉽게 준우승을 했다. 나는 그때 대장조를 우승 후보로 보았다. 그리고 대장조 쪽이 순탄해 보였다. 하지만 대장조는 8강에서 접전 끝에 탈락했다. D는 다른 학교 대장조를 만나도 자신감을 보였다. 결국, 강한 팀을 한 팀씩 무너트리고 결승까

지 올라가 우승했다.

D는 경기가 끝나자 하이파이브를 하며 세상을 다 가진 것처럼 행복해 보였다. 그때의 우승 장면은 내 인생의 하이라이트로 남겨져 있다.

나는 대회가 끝나자 D의 부모님에게 전화했다. D는 운동을 못하는 아이가 아니라 잘하는 아이라고 말했다. 부모님은 D가 매번 탈락해 이번 대회를 끝으로 운동을 그만두게 하려고 했다고 말했다. 부모의 생각이 틀렸다고 증명하게 된 경기였다. 난 매번 부모님들께 대회 경기장이나 학교 연습장에 오라고 한다. 내가 말로만 하는 것보다 부모님이 직접 오셔서 운동하는 것을 보고 느끼시는 것이 좋다고 말했다. 아이의 상태를 누구보다 잘 알아야 하는 사람은 부모다.

관심을 가지지 않으면 모른다. 아이가 무엇을 좋아하고 무엇을 하면 행복해지는지 아는 것부터가 시작이다. 부모는 자녀들이 행복하기를 바라면서 학원과 공부방으로 보내고 있다. 하지만 지금 행복해야 미래도 행복하다. 공부만 하는 아이들의 행복 지수가 높을 리 없다.

아이들이 행복해하는 것을 보여주기 위해 난 매일 훈련 장면을 촬영한 후 끝나면 네이버 카페에 촬영한 영상을 올린다. 아이들이 성장했을 때 자신의 모습을 보면서 행복을 알았으면 한다.

행복을 찾는 일은 쉽다. 행복하다고 말하자. 그리고 미소 지어보자. 입가에 웃음이 생긴다. 나는 오늘도 500번의 감사를 속으로든, 밖으로든 뱉는다. 작은 것에 감사함을 표현한다. 행복은 내가 만들어갈 수 있다. 행복하다고 말을 하면, 나도 모르는 사이에 행복이 나를 찾아온다. 아이들은 운동 시작 전과 후에 감사하다고 말한다. 나 역시 오늘도 너희 전원이 참석해 운동하고 최선을 다해주어서 감사하다고 말한다.

어느 날, E아이가 나를 찾아왔다. 중학교 1학년이 된 E는 운동을 더 하고 싶다고 했다. 난 조금 신기하게 느껴졌다. 초등학교 때야 놀이처럼 하기에 재미가 있다고 생각하지만, 중학교가 되면 운동 시간에만 운동하는 아이들이 대부분이다. 운동보다는 게임이나 친구들과 노는 것을 더 좋아하게 되기 때문이다. E는 시합을 하면 너무 긴장되고 자기 실력 발휘를 못 한다고 했다. 연습 때는 잘하는데 시합만 가면 그게 잘 안 된다고 했다. 나는 방법을 함께 찾아보자고 했다.

유튜브에 접속해 시합에서 긴장 안 하는 방법을 검색해보았다. 여러 개의 검색 결과가 보였고, 원하는 질문에 대한 답을 찾았다. 지는 것에 대한 두려움이 대회에서 긴장하게 되는 원인이라고 했다. 승리와 패배는 내가 통제 불가능한 것이라는 것을 인식하고 받아들여야 한다. 통제 가능한 것에 대한 생각을 더 깊이 하라는 것이다. 방법에 관해 설명하고 배움을 통해 자기 것으로 만들려는 노력이 필요하다.

난 아이들에게 "나는 목숨 걸고 지도하고 있다"고 말한다. 이 말은 '한책협'을 운영하는 김도사 님에게 배운 것이다. 김도사 님의 가르침을 통해 나 역시 아이들을 지도할 때 목숨 걸고 해야겠다고 결심했다. 그렇게 적극적으로 지도하려는 마음이 생겼고, 행동했다.

우리나라는 운동을 등한시하고 있다. 운동은 누구나 할 수 있고, 그것을 통해 아이들이 행복감을 느껴야 한다. 단순히 체육뿐만 아니라 매일 아침이나 수업이 끝나면 활동할 수 있도록 운동 폭을 확대해야 한다. 행복한 아이로 성장시키기 위해서 운동은 선택이 아니라 필수가 되어야 한다.

우리 아이들은 병들어가고 있다. 아이들을 선발하는 과정에서 "잠깐 운동을 해보았는데 재미있니?"라고 질문한다. 아이들은 "네. 너무 재미있고, 더 하고 싶어요"라고 한다. 하지만 안타까운 것은 하고 싶어도 학원 때문에 시간이 없어서 못 한다고 하는 아이들이 많다는 것이다. 화창하고 따뜻한 날씨에 아이들은 교실에 갇혀 있다. 학교 수업이 끝나면 차를 타고 학원에 가거나 집에 가서 또 책상 앞에 앉는다. 다리는 점점 가늘어지고 배는 점점 나오는 아이들이 많아지고 있다. 학교 생활에서 행복을 찾을 방법은 운동이다. 더 이상 수업이 끝나고 감옥 같은 방으로 아이들을 가두어서는 안 된다. 초등교육에서 아이들이 아파하지 않는 교육의 기초를 만들어 병들어가는 아이들을 더 이상 방치하지 말자.

# 운동은 행복 지수가 높은 아이로 자라게 한다

　나는 제자들이 운동을 통해 행복 지수가 높은 학생으로 살아갔으면 한다. 모든 스포츠는 하면 할수록 빠져드는 마력이 있다. 아이들은 연습보다는 게임 경기를 더 하고 싶어 한다. 모든 아이들은 다 이 과정을 거친다. 처음에는 게임이 재미있어서 왔지만 정작 시작하면 연습을 더 많이 한다. 연습은 재미가 없다. 그리고 지루하고 따분하다. 그래서 처음부터 연습만 시키면 대부분의 아이들은 운동을 안 하거나 빠진다.

　어느 날부터 초등학교 농구장에 이른 아침부터 땀을 흘리며 운동하는 학생들이 보였다. 키 큰 젊은 남자 선생님이 아이들과 농구 연습을 했다. 선생님의 열정이 대단해 보였다. 아이들의 얼굴에서는 땀이 흘렀고 열정의 눈빛이 보였다. 우리 학교에 이렇게 열정이 강한 선생님이 있다니 놀라웠다. 회식 자리에서 그 선생님께 왜 그렇게 열심히 지도하는지 물었다. 선생님의 대답은 농구를 하면 행복하다는 것이었다. 그래서 혼자 하는 것보다 농구를 좋아하는 아이들과 함께하는 것이라고 말했다. 지도자에 따라 운동을 행복하게 하느냐, 아니면 싫어하게 되느냐가 결정되기도 한다.

초등학교 시절, 운동을 하는 아이들을 보면 운동이 끝이 나도 더 하는 아이들이 많다. 하지만 중학교에 진학하면 그 인원 대부분이 바로 집으로 가거나 친구들과 놀러간다. 지도자가 욕심이 생기면 흔히 하게 되는 실수다. 조금 더 시켜보려 하고 좀 더 높은 강도로 하게 한다. 하지만 그러면 아이들은 힘들어하게 되고, 힘든 것은 오래 할 수가 없다. 그리고 흥미를 잃어버리기 때문에 주의가 필요하다.

앞에서 말한 것처럼 농구는 선생님이 좋아서 했지만, 아이들까지 농구를 좋아하게 만들었다. 좋아하는 것은 오래 하기 쉽다. 사람의 심리는 힘든 것은 안 하려고 하고, 좋아하는 것은 힘은 들지만 좋아하는 마음이 크기 때문에 버틸 수 있다. 나는 농구를 하는 아이들이 선생님이 없는데도 연습하는 모습을 종종 봤다. 그럴 수 있는 것은 본인 스스로 부족하다는 생각을 했기 때문이다.

꼭 운동해서 1등을 해야 성공인 것은 아니다. 운동을 하면서 내가 즐겁고 재미있으면 그것만으로 충분하다. 나중에 들은 이야기지만, 농구를 하던 것이 클럽으로 운영되어 대회에 나가서 아쉽게 충남에서 2등을 했다고 했다. 그 후 아이들은 중학교로 진학했고, 주말마다 다섯 명 정도씩 모여 운동을 이어가고 있다. 우리는 운동을 하면 꼭 선수로 키워야 한다는 강박관념 때문에 운동을 섣불리 시키지 않는다. 운동하다가 중간에 다치기라도 하면 이도 저도 아니라는 불안감에 운동을 시키려 하지 않는다.

"세상에서 공부가 제일 재미있어요"라고 말하는 아이들이 몇 명이나 있겠는가? 나도 이런 자녀가 있으면 좋겠다. 하지만 대부분의 아이들은 학교 공부를 좋아하지 않는다. 그리고 학교에서 배우는 교육은 사회에 나가서 적용할 수 있는 것이 거의 없다. 대학을 가는 수단일 뿐이다.

3년 동안 같이 지낸 감독 선생님이 떠났다. 처음 감독 선생님으로 인사할 당시 나보다 더 어린 선생님인 줄 알았다. 키도 크시고 얼굴도 잘생겨서 학부모 회의에서 인기도 굉장히 좋으셨다. 처음 1년 동안 서로 적응하기 바빠서 식사 한 번을 못했다. 그런데 선생님과 지내다 보니 선생님은 무엇이든 긍정적이고 급해 보이지 않았다. 감독 선생님은 학교 수업이 끝나고 방과 후 배드민턴을 따로 지도하고 계셨기에 나는 "수업을 다 하고 배드민턴까지 하려면 안 힘들어요?"라고 물었다. 선생님은 배드민턴을 좋아한다고 했다. 일주일에 한 번은 동호회에 가서 연습을 하고 경기도 한다고 했다. 기회가 되어 시합하는 장면을 보았는데 스텝과 화려한 기술을 쓰는 선생님이 멋져 보이기까지 했다. 언젠가 배구 경기를 같이 나가게 되었을 때는 군 대회에서 우승까지 했다. 선생님을 보면서 공부도 하고 운동은 취미로 하는, 그런 재미있는 삶을 추구하는 아이들로 지도하고 싶어졌다.

행복한 아이는 그냥 생기는 것이 아니다. 올바른 교육과 지도가 동반되어야 비로소 아이들은 배울 수 있다. 아이 스스로 행복을 배우는 것은 불가능하다. 운동은 사회성을 배우는 작은 공동체다. 개인의 행복보다는 남을 도와줄 수 있는 힘이 본인에게도 있다는 사실을 알게 되면 자기 자신도 행복함을 느낄 수 있다.

나는 고등학교 1학년 시절, 운동보다는 게임방에서 행복을 찾았다. 24시간이 모자를 정도로 게임에 미쳐 있었다. 밤 9시부터 새벽 4시까지 게임을 하고 집에 들어갔다. 게임방 사장님이 부모의 동의가 있어야 한다고 해서 몰래 어머니 도장을 찍어서 내기도 했다.

그러던 어느 날, 문제가 생겼다. 당일 9시에 시합장을 출발해야 하는데 난 알람도 못 듣고 자고 있었다. 10시야 되어서야 일어나 휴대전화를 본 순간 온몸에 소름이 돋았다. 나는 얼른 택시를 잡아 탄 후, 학교에 도착했다. 분위기는 살얼음판이었다. 난 조용히 구석으로 가서 신나게 얻어맞았다.

사실 내 잘못으로 이루어진 결과이지만 고등학생이 되면서 운동을 하는 것이 행복하지 않았다. 행복을 찾아 방황하던 고3 시절, 코치 선생님의 마음을 깨닫게 된 일이 있었다. 고3 마지막 시합을

2등으로 마친 나는 대학에 가야 할지, 말아야 할지 고민했다. 가정 형편상 대학을 갈 수 없었다. 기초생활수급자로 살고 있었고, 어머님을 부양해야 하는 책임도 있었다. 코치 선생님은 내가 코치를 할 수 있도록 생각해두셨다고 했다. 하지만 대학을 가고 싶으면 도와주시겠다고 했다. 난 한참을 고민하다 대학을 선택했다. 대학에서 운동을 통해 더 행복해지고 싶었다. 코치 선생님의 도움으로 대전대학교 특기생으로 진학했다.

누구나 살면서 삶이 순탄하지 않을 때가 많다. 힘든 시기가 오면 태풍처럼 한꺼번에 내 인생을 휘몰아치고 간다. 지금 생각하면 그 순간마다 흔들렸지만, 코치 선생님이 버팀목처럼 잡아주셨기 때문에 지금의 내가 있다고 생각한다.

오늘도 나는 운동을 통해 아이들이 행복을 찾아갈 수 있도록 인도하는 역할을 하고 있다. 아이들이 행복하면 나도 행복하다. 우리 아이들만 행복을 느끼는 것이 아니라 전국에 있는 아이들이 행복을 느꼈으면 좋겠다.

# 08

## 공부만 하면
## 행복할까?

딸에게 "공부 10분만 더하자"라며 타이른다. 그다음은 반협박이다. "오늘 노는 시간 아예 없다"라고 말하면, 울며 겨자 먹기 식으로 의자에 앉는다. 그 시간도 잠시, 집중을 못 하는 3학년 딸은 쉬는 시간을 달라고 한다. "얼마 했다고 또 쉬어! 다른 아이는 이보다 더 오래 있겠다"고 말한다.

비교와 무시가 반복되는 곳이 우리집이었다. 하지만 내가 책을 쓰면서 집 분위기가 바뀌기 시작했다. 행복한 아이를 지도하기 위해서는 다른 아이보다 우선 우리 집에 있는 딸부터 구해야겠다는 생각이 들었다. 여러 가지 책도 읽고 영상도 찾아보았다. 그리고 한 가지 공통된 사실을 깨달았다. 공부 정서를 망치는 것은 최악의 실수라는 것이다.

아내에게 자료를 보여주고 이야기했다. 그전까지는 불안해서 놓치기 싫은 부분이 많았다고 했다. 난 물었다. "딸이 행복하길 바라는 거야? 아니면 공부만 죽어라 했으면 하는 거야?" 질문은 이상했지만, 자녀의 행복을 무시하시는 부모가 어디 있을까? 행복하게 살기 위해 공부하라고 하지만, 정작 아이는 고통받고 있다.

아이의 초등학교 시절, 부모는 공부에 열정이 강하고 의지도 강하다. 그러다 보니 잘 알아보지 않고 선행학습을 많이 시도한다. 영어든 수학이든 1학년인 학생이 2학년, 3학년 문제를 풀고 있다. 처음에는 재미있어 하고 흥미를 보이지만 그 뒤에는 힘들어한다. 차라리 난 그 시간에 아이와 놀아준다. 운동을 같이하거나 배드민턴을 치러 간다.

딸은 운동을 좋아해서 나와 달리기 시합을 한다. 공부는 중요하다. 하지만 아직 공부 정서가 안 잡힌 상태에서 공부만 하기를 강요하면 오히려 반감을 산다. 저학년일수록 여러 가지 체험을 통해 많은 것을 배울 수 있는 최고의 시기다. 남자아이라면 스키나 보드 같은 것을 배우면 두려움보다는 자신감을 가질 수도 있다. 여러 가지 스포츠 활동을 통해 배려와 규칙도 배워야 한다.

부모들의 사랑하는 마음이 너무 커서 아이에게 휘둘리는 경우도 많이 본다. 자녀를 위한다고 말하지만, 규칙을 어겨도 된다는 것을 가르치는 것이다. 자녀를 키우는 대부분의 부모가 '한 번 정도는', '두 번 정도는' 하며 넘어가는 경우가 많다. 아이들이 '자신이 부모보다 더 위에 있다'고 생각하는 순간 모든 것이 엉망이 될 수밖에 없다.

운동을 시작할 때, 나는 규칙을 적어놓고 설명한다. 그리고 그 것에 대해 책임을 지게 한다. 특히 운동 시간에는 훈련을 방해하는 개인 행동이나 규칙에서 벗어나는 행동을 하면, 내가 가지고 있는 옐로카드를 꺼내 보여준다. 옐로카드를 두 개 받으면 그날 재미있는 게임이나 자유시간에 참여를 못 한다.

훈련이 끝나면 자기가 속한 관리 구역을 정리하고 청소한다. 그 리고 자기 구역별 표에 사인하면, 그 뒤 내가 한 번 돌아보고 점검 하면 끝난다. 만약 청소가 안 되어 있으면 똑같이 옐로카드를 받고, 옐로카드 두 개를 받으면 그다음 날 간식을 못 먹는다. 아이들 에게 간식은 큰 행복의 일부분이다. 거창한 것이 아닌, 힘든 훈련 후 컵라면 하나로도 꿀맛이라며 좋아하는 아이들이다.

난 아이들에게 자기가 좋아하는 것부터 공부해보라고 한다. 수 학·영어·과학 이런 것도 좋지만, 자기가 관심이 가는 분야부터 공부해보면 된다. 좋아하는 것을 공부해보면 성취감과 자신감이 올라간다. 특히 주위 부모들이나 친구들이 칭찬해주면 더 자신감 이 붙는다. 자신감이 생기면 다른 어떤 것을 공부하더라도 도전을 할 수 있게 된다. 자신감이 없는 아이는 공부는 자신이 손댈 수 없 는 것이라고 생각한다.

4학년에 F라는 아이가 있다. 40살 같은 4학년이다. 아재 개그와 같은 썰렁한 개그를 자주 한다. 그런데 이 아이를 보면 나도 이런 아들이 있었으면 좋겠다는 생각이 든다. 무엇이든 배우려고 하고 공부와 운동 모두 최선을 다해서 한다. 그리고 인성까지 훌륭하다. 어느 날 아이의 어머님과 상담을 했는데, 아이가 아직 어린데 너무 모범적으로만 행동해서 고민이라는 것이다.

부모님과 대화하면서 나는 왜 F가 모범생인지 알 수 있었다. F는 부모님의 모습을 보고 자란 것이다. 집에서부터 자존감을 키워서 세상에 나온 것이다. 사랑과 규율이 모범이 되는 부모님이 있기에 F가 있다.

아이는 다른 아이와 다르게 아직 학원에 다니고 있지 않다. 아이의 부모님이 학원보다는 아이가 하고 싶은 것을 하고, 배우고 싶다는 것을 먼저 배우는 것이 중요하다고 생각하기 때문이다.

최근 학교의 위상은 점점 더 떨어지고 있다. 학원에서 먼저 배우고, 학교는 그것을 보충해주는 곳이라 생각하는 아이들이 많아지고 있다. EBS 교육 프로그램에서 선행학습을 해본 학생을 조사한 결과, 대다수의 학생이 선행학습을 했다고 한다. 그러다 보니 학교 교실에서 배우는 것은 이미 배운 것이라 그냥 자는 아이들도 있고, 대부분이 흘려듣는다고 했다. 학원은 선행학습이 우등하다고 광고하면서 아이들을 끌어모으고 있다. 선행학습을 한 학생과 그렇지 않은 학생의 점수를 비교해보았다. 그러나 정작 두 학생들 사이에는 점수 차가 별로 나지 않았다.

우리는 사교육에 힘을 쓸 것이 아니라 병들어가는 자녀들을 건강하고 행복한 아이로 살아갈 수 있도록 해야 한다. 우리 부모들의 인식이 먼저 바뀌어야 한다. 그리고 국가적으로도 교육 시스템을 바꿔야 한다. 더 이상 운동을 소홀히 하면 안 된다. 건강이 제일 중요한 세상이다. 많이 먹는 것이 아니라 어떻게 하면 건강하게 오래 살 수 있는지를 연구해야 한다.

나는 공부가 굉장히 힘들었다. 어떻게 공부하는 것이 내 인생에 도움이 되는지 모르고 살았다. 여전히 미성숙한 어른이었다. 운동을 지도하는 것이 운동하는 것보다 백 배는 힘이 든다. 아이들에게 공부에만 매달리지 말고 운동을 병행해 더 나은 세상을 살아가라고 말하고 싶다. 운동만 하라는 것도 아니다. 예전에는 운동만 해도 어떻게든 먹고는 살았다. 하지만 지금은 운동만 해서는 먹고 살 수 없는 시대가 되었다.

공부는 중요하다. 하지만 긴 인생을 두고 봤을 때 운동은 더욱 중요하다. 운동으로 성공하는 것은 아니지만, 건강한 삶과 행복으로 가는 길은 공부와 운동이 병행되어야 보인다. 비전을 가지고 우리나라 교육과 스포츠가 성장하길 바라는 마음이다.

일본은 운동과 공부를 조화시키는 데 집중하는 교육 선진국이다. 일본의 최고 명문 도쿄대학교의 교육 시스템은 우리에게 많은 교훈을 준다. 학생의 80%가 스포츠클럽에 참여한다. 이들은 자신의 클럽활동에 자부심과 전통을 가지고 있다. 우리나라는 운동선수라고 하면, 특기생으로 장학금을 받지만, 일본은 체육특기자로 장학금을 받는 사람이 없다. 초등학교부터 운동을 같이하는 것이 당연하다고 여기기 때문에 중학교, 고등학교까지 운동 하나씩은 배우며 진학한다. 그리고 대기업에 취직할 때 이것에 대한 특혜를 받는다.

우리는 스포츠클럽은 만들어놓고, 정작 운동과 공부를 같이 할 수 있는 시스템은 갖춰져 있지 않다. 특히 대학에 진학할 때 운동으로 도움되는 것은 찾아볼 수가 없다. 대기업도 마찬가지다. 하지만 지도자인 나는 포기하지 않으려 한다. 여기서 포기하면 우리 아이들은 더 병들어갈 것이다. 더 이상 불평만 하다가 우리 아이들이 아파하는 것은 보기 싫다.

공부만 해서는 안 된다는 것을 몸으로 보여주고 행동하면 된다. 그래서 우리는 오늘도 아침에 뛴다. 그리고 교실에 들어가 집중하며 공부한다. 그리고 오후에 나와 누구보다 최선을 다해 운동한다. 지 · 덕 · 체가 균형을 이루어 우리도 스포츠 선진국으로 한 발 나아갈 수 있도록 노력할 것이다.

# 3장
## 아이의 기질과 성격에 맞는 운동 찾는 법

# 01

# 운동을 싫어하는
# 아이

　내 배는 심각한 복부 비만으로 가고 있다. 코로나로 감옥이 된 집에서 먹고 게임하고, 먹고 자는 것이 전부였다. 그러다 보니 어느 순간 올챙이 배는 점점 부풀어 올라 내 발가락까지 안 보이는 지경까지 이르렀다. 운동할 엄두도 나질 않았다. 체력은 지하 10층에 있는 기분까지 들었다. 두려움이 엄습했다. 건강에 이상 신호가 오기 시작했다. 두피의 각질이 심해져 부분 탈모까지 생겼다. 온몸 곳곳에 빨간 여드름 같은 것이 생겼다. 피부과에 가서 스테로이드를 맞아도 호전되지 않았다. 운동하기는 싫어 밥을 며칠 조절했다. 그것도 잠시, 며칠 안 먹던 것을 몇 시간 만에 다 흡수해버렸다.

　이대로는 더 이상 두고 볼 수 없었다. 운동밖에 없다는 생각으로 체육관에 등록했다. 운동은 싫어하지만 내가 좋아하는 드라마를 보며 러닝머신에 몸을 실었다. 드라마를 보니 시간도 금방 갔다. 2주 정도 하니 욕심이 생겨 근력 훈련도 같이 했다. 러닝머신의 경사도 조절했다. 조금 더 힘들었지만 끝나고 나서 땀에 흠뻑 젖은 내 몸을 보며 흐뭇했다. 어느 순간 운동에 재미를 붙였다. 힘든 운동이지만 내가 좋아하는 드라마를 보면서 하니 시간이 느껴지지 않았다. 그 후 세 달 정도 꾸준히 운동하다 보니 올챙이 배는 사라졌다.

운동을 싫어하는 아이들이 많아졌다. 나도 예전에는 운동을 하는 것을 싫어했다. 첫 번째 이유는 힘들다는 것이다. 힘든 느낌이 들면 몸이 거부 반응을 일으킨다. 두 번째는 재미가 없다고 생각하는 경우다. 재미를 느끼지 못해 지루함까지 느끼는 아이들도 있다. 세 번째는 자신감이 부족해 두려움을 느끼는 것이다. 모든 운동은 행동을 통해 이루어진다. 처음부터 아이의 체력을 고려하지 않고 고강도로 훈련하면 재미를 느끼기 전에 운동이 힘들다고 느낀다.

성공 경험을 갖게 하는 것이 최우선이다. 뛰는 것을 예로 든다면, 혼자 뛰는 것보다 다 같이 뛰는 것이 좋다. 200m 운동장을 1분 10초에 뛰었다고 하자. 다음 바퀴를 1분 8초에 뛰어보자고 말한다. 그리고 1분 7초에 들어오면 들어오도록 동기부여를 해준다. 성공은 짜릿한 경험을 하게 한다.

페이스북 최고 경영자 마크 저커버그(Mark Elliot Zuckerberg)는 눈을 뜨면 제일 먼저 운동을 한다고 한다. 세상에서 제일 바쁜 사람

중 한 사람인 그는 일어나자마자 운동하는 이유에 대해 "운동을 통해 에너지를 얻을 수 있다"라고 했다. 이처럼 사회적 성공을 거둔 76%의 인물이 매일 30분 이상씩 운동한다. 유산소 운동, 계단, 심장을 강화하는 운동 등을 하며 건강한 몸을 만들어 조금 더 나은 세상을 살아가려 노력한다. 운동을 싫어하는 아이들은 운동뿐만 아니라 다른 움직임도 싫어할 확률이 높다.

6학년 마지막 대회를 마치고 저학년 훈련에 집중했다. 그러면서 자연스럽게 6학년 아이들에 대한 관심이 줄었다. 매년 9월이 되면 6학년 아이들은 친구들과 어울리는 시간이 많아진다. 학교 수업이 3시 전에 끝나기 때문에 중학교에 가서 운동하려고 해도 4시 이후에 한다. 1~2시간 정도까지 시간이 남다 보니 자연스럽게 운동보다는 친구들과 어울리는 시간이 많아진다. 그렇게 한두 번씩 운동을 빠지고 친구들과 어울리면서 운동에 흥미를 잃게 된다.

중학교 운동부 선생님이 아이들과 이야기했지만, 아이들은 이미 친구들과 노는 것에 빠져버렸다. 나도 한 번 불러 상담을 했지만 확고했다. 네 명의 친구는 모두 실력이 있었다. 사람 일은 잘 모르지만 그중 두 명은 끝까지 운동을 해도 될 것 같았다. 그 두 명을 다시 불러 2차까지 상담을 진행했지만, 결국에는 운동으로 진학을 하지 않았다. 지금 생각해보면 내 잘못인 것처럼 느껴진다. 조금 더 운동의 흥미를 느끼게 해주었더라면, 재미있는 운동이라고 알려주었더라면 하고 후회하게 된다.

나도 여러 번 운동하다 도망가기도 하고, 하기 싫을 때 거짓말을 하고 서울에 며칠씩 놀러 가기도 했다. 방황하는 시기에 지렛대처럼 잡아주는 사람이 없다면 급격히 흔들린다.

체력이 올라오고 근력이 커지면 작은 운동에는 흥미를 못 느낀다. 운동에 재미를 느꼈다면 그때부터는 나를 업그레이드할 수 있는 운동을 해야 한다. 운동의 강도를 높이라는 것이다. 본인이 하루에 얼마나 운동을 했느냐보다 얼마만큼 강하게 했는지가 중요해지는 시점이다. 강한 자극으로 몸의 변화를 가져와야 한다. 아이들은 성장해야 한다. 공부에서도, 운동에서도 성장이 없다면 뒤처진다.

우리는 매일 아침 운동장을 뛴다. 내가 중학교에 다닐 때는 왜 뛰는지 이유도 모르고 뛰었다. 육상부도 아닌데 왜 이렇게 운동장을 뛰어야 하는지 이해할 수 없었다. 그리고 실제로 내 몸의 어떤 부분이 좋아지고 있는지 확인할 수 없었다. 나는 지도자 선생님에게 물어보고 싶었지만 무서워서 물어보지도 못했다. 지금은 아이들에게 자신 있게 말한다. 왜 아침에 뛰어야 하는지, 그리고 뛰면 어떤 변화가 있는지 이야기한다. 실제로 0교시의 심폐지구력 훈련은 공부뿐만 아니라 집중할 수 있는 힘을 길러준다.

우리는 운동을 통해 아이의 자존감을 올려주고 성취감을 맛보게 한다. 작은 성취는 내 자아를 키울 뿐만 아니라 자신감까지 단단해지게 한다. 운동을 싫어하는 아이는 사회에서도 인정받기 쉽지 않다.

운동을 싫어하는 아이는 운동을 하면서 마음의 상처를 받았거나 운동보다 다른 것에 더 흥미를 느끼고 있을 것이다. 그것은 스마트폰이거나 컴퓨터 게임일 가능성이 크다. 우리 아이들을 이대로 방치해서는 안 된다. 우리 어른들의 잘못으로 왜 아이들이 아파해야 하는지 모르겠다. 문제가 보임에도 모르는 척하는 정부와 문체부에게 묻고 싶다. 아이들은 운동을 하고 싶어도 학교 시스템에는 의존할 수 없어 사설 학원이나 태권도 도장 등에 다니고 있다. 학교 안에 할 수 있는 환경이 마련되어 있지 않아 학교 밖으로 나가야 운동을 할 수 있다는 것이 안타깝다.

소프트테니스는 테니스보다 공이 가볍고, 라켓도 크기가 조금 더 작아 배우기에 굉장히 쉽다. 그러다 보니 운동을 하기 싫어하는 아이들도 한번 공을 치면 더 치고 싶어 한다. 작은 성취감을 맛보거나 친구들과 같이 운동하면 하기 싫어하던 표정은 어디 갔는지 찾아볼 수 없다. 그리고 수업이 끝나면 계속하고 싶다고 말한다. 하지만 시설이 작아서 인원을 제한할 수밖에 없다.

아이의 얼굴은 안타까움을 넘어 실망까지 한다. 많은 아이들이 부모님의 허락과 학원 등의 이유로 못하기도 하지만, 더 큰 문제는 시설의 부족이다. 더 많은 아이들이 운동을 할 수 있도록 국가적으로 운동 교육에도 힘을 써야 할 때다.

# 협동심이 부족한
# 아이

외동아들인 나는 주위에서 협동심이 부족하다는 말을 많이 들었다. 혼자 하는 행동들이 많다 보니 같이하는 것에 불편함을 많이 느꼈다. 같이 운동하는 것에 많은 어려움이 있었다. 특히 주말에 팀원 훈련을 하는 날이면 나는 운동보다는 게임을 하고 싶어 빠지는 경우가 많았다. 다른 친구들에게 피해를 주었고, 왕따까지 당하게 되었다.

협동심이 부족한 것은 다른 사람의 생각보다 자기의 생각을 더 중요하게 생각하기 때문이다. 하지만 우리 사회는 혼자 살아갈 수 없다. 우리는 서로 협동하며 부족한 부분을 맞춰가야 한다. 혼자 하는 것도 중요하지만 서로 도와야 하는 부분도 분명 있다. 예를 들어 집을 정리해야 하는 경우에도 나 혼자 하는 것보다는 여럿이 함께해야 집이 더 깨끗해진다.

축구를 시켜보면 움직임이 좋고, 뛰어난 실력을 발휘하는 아이들을 볼 수 있다. 하지만 협동심이 부족한 아이의 문제는 금세 드러난다. 혼자 모든 것을 하려고 하니 금방 체력이 바닥 난다.

모든 면에서 이렇게 뛰어날 수 있을까 싶은 아이가 있었다. 육상을 하다가 선생님의 소개로 들어온 학생인데, 정말 순발력이 뛰어났다. 어느 날 주 종목 운동을 너무 지루해하기에 축구를 시켜보았다. 편을 나누어 경기했는데, 전반전이 끝나자 아이들은 다시는 그 친구와 하기 싫다고 했다. 그 이유는 그 아이가 혼자만 공을 가지고 패스를 하지 않는 것이었다. 혼자 공을 몰고 가다가 두 명까지는 돌파하지만 끝내 뺏겼다. 주변에 친구들이 있었음에도 패스를 하지 않았다.

후반전이 되어 경기는 종료되었고, 패하게 되었다. 그러자 패배한 아이들은 그 친구를 비난했다. 난 그 아이와 상담을 했다. 아이는 공을 패스하게 되면 자신의 팀이 질 것 같았다고 말했다. 지기는 싫고, 자기가 혼자 하는 것이 이기는 지름길이라고 생각했다고 했다.

최근 초등학교 아이들은 협동에 큰 어려움을 느끼고 있다. 국어사전에서 협동심은 '서로 마음과 힘을 하나로 합하려는 마음'이라고 쓰여 있다. 현재 우리나라 출산율은 굉장히 낮다. 행정안전부의 주민등록기준 출생등록 통계에 따르면, 2020년 연간 출생자

수는 27만 5,815명, 출산율은 0.836이다. 부부가 아이 한 명도 낳지 않는다는 것은 심각한 일이다. 우리 주위를 보아도 한 명이라도 제대로 키우자는 부모들을 흔하게 볼 수 있다. 틀렸다고 말을 하고 싶어도 우리나라 출산율의 저하는 한 가정의 문제라고 하기엔 좀 더 폭넓은 문제가 있다.

그러다 보니 집에서 양보를 하는 것보다는 나만의 것임이 자연스럽다. 양보를 할 필요가 없는 것이다. 나도 외동아들로 커서 혼자 밥을 먹거나 혼자 하는 것이 하나도 어색하지 않다. 오히려 편하다. 하지만 세상을 살아가려면 힘을 합쳐야 할 때가 많다. 또한 문제를 혼자 해결하기보다는 같이 해결하는 것이 큰 도움이 될 때가 있다.

소프트테니스는 종목 특성상 절대 혼자 할 수 없는 종목이다. 초등학교에서는 두 명 이상이 경기를 뛰어야 한다. 연습도 두 명 이상 한다. 우리는 협동심을 키우기 위해 한 코트에서 서로 도와가며 뛰게 한다. 서로 협동해 열 개를 치면 끝나는 연습이다. 개인이 전체를 뛰면 불가능한 것을 둘이 하면 할 수 있다는 것을 깨닫게 한다.

우리는 서로 도우며 운동해야 하는 것을 계속 인식시켜주려고 한다. 할 수 있다는 의지를 깨우며 서로에게 힘을 주는 말을 하게 한다. '파이팅'이라는 구호를 외치며, 서로를 격려한다.

A조와 B조로 나누어 체력의 수준을 고려해 팀을 선정해준다.

기록이 비슷한 선수들끼리 해주어야 도움이 된다. 여섯 명이 한 조가 되어 뛴다. 200m를 뛰는 데 1분 10초의 시간을 주고 여섯 명이 다 들어와야 통과라고 한다. 그러기 위해서 앞에서 끌어주는 아이와 뒤에서 받쳐주는 역할이 중요하다.

이렇게 뛰게 하면 혼자 열심히 뛰어봤자 통과가 안 되는 것을 알기에 자기의 에너지를 나누어준다. 나는 1분 10초라는 시간 자체보다 1분 10초를 뛰기 위해 개인이 아닌 단체로 협동했다는 것에 중점을 두고 성공이라는 성취감을 맛보게 해준다. 통과하면 아이들은 소리를 외치며 서로 격려한다.

우리는 운동을 통해 협동심을 배운다. 협동심이 필요한 대표적인 운동으로는 축구, 배구, 농구, 테니스, 배드민턴, 하키 등이 있다. 내가 지도하고 있는 소프트테니스도 소인수 단체 종목으로, 협동심이 부족한 아이에게 적합한 운동이다. 단체전(여섯 명 이상) 경기에서는 내가 패배하더라도 다른 조가 이기면 승리할 수도 있다. 두 명이 하는 복식 경기는 실력도 중요하지만, 동료와의 호흡이 굉장히 중요하다. 맡아야 하는 구역도 있으며, 서로 도와주어야 경기를 쉽게 풀어갈 수 있다.

대회 때 있었던 일이다. 우리는 개인전 복식(두 명)이 끝나고 다른 경기를 관람하고 있었다. 초등학교 3학년으로 보이는 학생과 5학년 학생이 팀을 이루어 경기했다. 경기를 보는데 분위기가 이상했다. 3학년 학생이 실력이 더 좋아서 계속 팀원 형에게 짜증을 부렸다. 그리고 자기 볼이 아닌데도 팀의 자리까지 넘어가 볼을 쳤다. 충분히 이길 수 있는 경기로 보였다. 하지만 상대방과 싸우는 것이 아니라 같은 팀이 싸우는 것처럼 보였다. 결국에는 경기에 패하게 되었다.

하지만 그때부터 문제가 생겼다. 경기를 마치고 나오는 도중 3학년 학생이 화를 주체하지 못하고 울면서 라켓을 땅바닥에다 내리쳤다. 분을 못 이겨 벽에 라켓을 또 쳤다. 코치 선생님이 급하게 말렸다. 조금 진정했는지 코치 선생님과 이야기했다. 형이 실수를 너무 많이 했다는 것이다. 하지만 경기를 지켜본 나의 입장은 달랐다. 전혀 협동하지 않은 것은 3학년 학생이었다. 3학년 학생은 같이하는 것이 아니라 혼자 게임을 풀어나가려 했다.

개인 종목과는 다르게 팀 경기는 협동심이 없으면 패배하게 되는 경우가 많다. 자기 자신이 아닌, 팀이 먼저라는 생각을 심어주어야 한다. 더불어 사는 세상임을 강조해야 한다. 아이들의 대부분은 자기 자신이 왜 협동해야 하는지 잘 모르고 있다. 승리와 패배의 중요성보다 과정을 어떻게 해야 하는지 정확히 알려주어야 한다. 운동을 하는 과정에서 아이 자신의 역할을 수행하게 하고 서로 도와주어야 잘할 수 있다는 것을 알려주어야 한다. 협동심을 잘 느끼지 못할 경우, 혼자서 두 명의 역할까지 수행해보게 하기도 한다. 혼자 할 때와 두 명이 할 때 어떻게 다른지 직접 느끼게 하면서 함께하는 것의 중요성을 몸으로 깨닫게 한다.

운동하는 과정에서 서로 격려하고 도와주는 모습을 보면 칭찬과 동기부여를 해준다. 경기의 승패도 중요하지만 서로 힘든 과정을 같이 해냈다는 것을 느끼게 해주는 것이 좋다.

우리 아이들은 함께 어울려 놀 수 있는 시간이 많이 없어 협동의 중요성을 모르고 자란다. 사회는 다양한 역할이 필요하다. 아이 자신에게도 다양한 역할이 있다는 것을 알려주는 운동이 필요하다. 우리는 세상을 혼자 살아갈 수 없다. 우리 아이들에게 '나'가 아닌 '우리'가 왜 중요한지 알려주어야 한다. 운동으로 하나 되는 대한민국 아이들을 꿈꾼다.

# 03

# 자신감이 없는
# 아이

"나는 선수 시절 9,000번도 넘게 슛을 성공시키지 못했다. 거의 300경기에서 졌다. 그리고 나에게 믿고 맡겨진 위닝샷을 26번이나 놓쳤다. 나는 내 인생에서 실패하고 실패하고, 또 실패했다. 그것이 내가 성공한 이유다."

마이클 조던이 남긴 명언이다. 누구나 한 번쯤 읽어보거나 들어보았을 것이다. 요즘 실패를 두려워하는 아이들이 너무 많다. 시작도 하기 전에 포기하는 아이들을 위해 자신감을 심어주고 싶다. 그러기 위해서는 나도 자신감이 넘치는 지도자가 되어야 한다. 그리고 자신감은 어떻게 높일 수 있는지 알고 있어야 한다.

우리는 운동만 하는 것이 아니라 독서한 내용을 운동이 끝나는 시간에 발표했다. 자기 생각을 열 명의 아이 앞에 나와서 발표한다는 것은 쉽지 않다. 한 아이도 친구들 앞에 나와 발표하는데 목소리가 마치 음소거를 한 것처럼 전혀 들리지 않았다. 친구들이 안 들린다고 해도 목소리는 점점 더 작아졌다. 이 아이는 자신에 대한 목표를 굉장히 작게 잡았다. 예를 들어, 목표가 전국대회 1등이라고 하는 아이들이나 세계 1등이라는 아이들이 있는 반면, 이 아이는 학교 대표로 나가는 것을 목표를 잡았다. 하지만 학교 대표는 선수이기 때문에 당연히 출전할 수 있다.

최근의 초등학교 아이들을 보면 자기 자신을 높이 평가하는 아이들이 별로 없다. 친구들과 대화할 땐 목소리가 컸음에도 발표나 자기에 대한 의사전달을 할 때는 전혀 달라진다. 자기의 생각을 잘 정리해서 말하는 아이는 자신감이 있다. 자신감이 있는 아이들은 집중력도 좋다. 무엇 하나를 하더라도 최선을 다한다. 하지만 자신감이 없는 아이들은 성공보다는 실패를 먼저 생각한다. 그러다 보니 행동하기 전에 부정적인 생각을 먼저 한다. 그래서 상대와 붙기도 전에 승패를 판단해버린다.

그래서 나는 자신감을 올리기 전에 자기가 부정적인 말을 하는 생각부터 인식하도록 했다. 자기가 지금 어떤 생각을 먼저 하는지 알아야 변화할 수 있다. 또한, 아이들은 부모의 말에 자신감을 높일 수도 있고, 반대로 낮아질 수 있다. 그리고 내가 지도하는 방식에 따라 아이들의 자신감을 높일 수도, 낮출 수도 있다.

자신감이 없는 아이들은 꼭 운동을 시작해야 한다. 간단한 달리기 종목이나 자기 한계점을 도전하는 종목은 자신감을 찾는 데 도움이 된다. 어느 한 종목에 국한되지 않고 어떤 종목이든 자기 색깔을 찾아갈 수 있다면 좋다. 아이들은 좋고 싫음을 너무 빠른 시간에 판단한다. 어느 종목이나 매력이 있고, 하면 할수록 빠져들 것이다. 어떤 운동이든 우선 시작해 자존감을 높일 수 있는 계기를 만들자.

운동을 시작하면 과정이 있다. 과정은 아이의 자신감을 피드백해줄 수 있는 좋은 기회다. 실패가 계속될지 모르나, 열 번을 실패해도 한 번의 도전을 칭찬하면 된다. '칭찬은 고래도 춤추게 한다'는 말이 있다. 그런 경험이 자신감의 출발이다.

운동하면서 실패를 예측하고, 실패의 예측 때문에 그 이상을 못하는 경우가 많다. 무엇을 시작하기 전에 판단은 절대 금물이다. 운동은 과정에서 어떤 일이 발생할지 아무도 예측할 수 없다.

예측은 스스로가 빠르게 포기를 인정하는 것이다. 난 실패할 것이라는 확신을 했기 때문에 성공보다는 실패에 가까운 답이 나온 것이다. 자신감은 할 수 있는 것을 할 수 있다고 바꾸는 마음가짐이다. 실패할 수도 있다는 것을 인정하는 것 또한 자신감이 될 수 있다. 실패를 인정하라는 말은 인정하는 것부터가 시작이라는 것이다. 실패할 수도 있지만, 승패가 아닌, 지금 자신이 하고자 하는 과정 자체에 집중하는 것이다. 평상시 내가 잘하는 부분을 생각하고 내가 잘되는 부분을 성공했다는 상상으로 바꾸어 자신감을 가진다.

자신감은 관점을 어떻게 가지느냐에 따라 높아질 수도, 낮아질 수도 있다. 나는 어린 시절 입술 때문에 엄청난 스트레스를 받았다. 나는 어머니의 입술을 닮아 굉장히 두꺼웠는데 이빨의 형태도 돌출형이었기에 어릴 적 주변 친구들로부터 닭똥집 한 접시와 〈아기 공룡 둘리〉에 나오는 마이콜이라는 별명으로 불리며 놀림을 받았다.

운동하는 아이들의 놀림에 자존감이 많이 낮아져 말을 하기 부끄러웠다. 그리고 항상 입술을 작게 보이려고 말아서 다물고 다녔다. 대학교 입학 당시, 심각하게 수술까지 고민했다. 내 예상으로는 입술 안쪽을 찢어서 얇게 하면 될 것 같았다. 그러나 대전에 있는 성형외과를 방문해서 상담을 받은 후, 충격에 빠졌다. 성형수술과 치과수술을 동시에 해야 한다고 했다. 불가능하다는 말을 듣는 순간 관점을 바꾸어 생각했다. 바꾸지 못하는 거라면 매력으로 바꾸었다. 100억 원짜리 입술이 탄생한 날이다.

운동은 나에게 아주 큰 목소리를 선물했다. 내 장점을 극대화시킨 것이 운동이다. 모든 스포츠는 소리를 지르거나 세리머니를 한다. 운동은 힘든 만큼 순간의 기쁨을 준다. 기쁨은 몸과 목소리로 표현하는데, 이는 자신감이 높아질 수 있는 계기가 된다. 승리할 경우 자기도 모르는 목소리와 몸의 동작들이 나온다.

자신감이 없던 아이들에게 일단 자기가 승리할 때 최대로 파이팅해보라고 한다. 처음에는 쑥스러워서 동작이나 목소리가 작다. 하지만 점차 파이팅이나 동작을 같이 따라 하면서 자기도 모르는 사이 동작이 커지고 목소리도 높아진다. 우리는 힘들 때 다 같이 넣는 구호가 있다. "우리 학교 파이팅"이라고 한 명이 외치면 전체가 "파이팅"이라고 받아친다. 그것을 세 번 정도 하면 학교 운동장에 울려 퍼진다. 그러면서 아이들의 얼굴에 미소가 번진다.

자신감이 없는 아이들은 교실에서 다른 아이들과 사이에서 문제가 있는 경우가 많다. 부모들은 자녀의 학교 생활의 일거수일투족을 지켜볼 수 없기 때문에 문제가 더 심각한 경우가 많다. 집에서 보는 것과 학교에서 생활하는 것이 비슷한 아이들도 있지만, 전혀 다른 아이들도 많다.

사회의 일원으로 살아가야 하는 자녀가 자신감이 없다면 자기주장이나 하고 싶은 말을 하지 않는다. 그러다 보면 사회에 나갔을 때 다른 사람들보다 피해를 볼 가능성이 크다. 교실에서 배우기는 쉽지 않다. 교실에서는 수업을 받아야 하기에 행동보다는 말로 듣는다. 자신감은 말보다는 행동으로, 직접 체험을 통해 키우는 것이 좋다.

무하마드 알리(Muhammad Ali)는 "위험을 감수할 용기가 없는 사람은 인생에서 아무것도 이루지 못할 것이다"라고 말했다. 위험은 항상 그림자처럼 따라다닌다. 내가 어떻게 준비했느냐에 따라 자신감의 크기가 달라진다. 준비를 할 때, 자신감이 있다면 그 결과는 겸손히 받아들이면 된다. 실패는 성공의 어머니라는 말을 받아들이고 다시 도전하는 아이가 성공한다. 실패는 좋은 거름이 된다.

대부분 부모들이 자신의 아이가 자신감을 가지기를 원하면서 말과 행동은 그렇지 않다. 자신감은 집에서부터 시작한다. 자신감이 어떤 것인지 아이들은 부모의 말과 행동으로 배운다. 나는 우리 아이들에게 자신감을 가질 수 있도록 지도하고 있다. 나부터 자신감이 있어야 아이들도 자신감을 가질 수 있다고 생각한다.

운동의 기본적인 자신감은 체력에서 온다. 체력이 없다면 자신감도 없다. 기초 체력을 기르면 어른이나 아이나 무엇이든 할 수 있을 것 같은 기분이 든다. 우리나라 교육이 바뀌어야 하는 부분이다. 아이들을 교실에 가둬두고 기초 체력은 바닥인 상태에서 자신감을 키우는 것은 허황한 꿈이다. 초등학교 교육의 꽃인 운동을 아이들에게 돌려주어야 한다.

# 04

# ADHD로 산만한 아이

나는 대학교를 졸업 후, 바로 충남체육회 실업팀으로 입단하게 되어 충남 홍성으로 왔다. 처음 와보는 곳이라 낯설었지만, 다행히 대학교 동기 두 명이 같이 오게 되어 나름대로 위로가 되었다. 어느 토요일, 고등학교 팀과 같이 훈련을 하게 되었다. 테니스 코트가 세 개가 있었는데 그중 하드코트라는 곳에서 초등학교 아이들도 같이 훈련 중이었다.

여덟 명 정도의 학생들이 훈련하고 있었는데, 그중 1~2학년으로 보이는 아이가 훈련에는 참가하지 않고 혼자 뛰어놀았다. 나는 그 아이를 불러 물었다. "애야, 너 왜 돌아다니고 있어? 저기 가서 훈련해야지" 그러자 그 아이는 나를 보고 "선생님이 뭔데 이래라저래라예요?"라고 했다. 순간 망치로 한 대 맞은 느낌이 들었다.

얼굴이 빨개졌다. 테니스코트처럼 위험한 곳에서 혼자 하고 싶은 대로 질서 없이 돌아다니면서 행동했기에 혼을 내야겠다는 생각이 들었다. 아이는 전혀 운동에 집중을 못하는 것처럼 보였다.

ADHD는 'Attention deficit hyperactivity disorder'를 줄인 말로, 우리말로 하면 '주의력결핍과잉행동장애'라고 부른다. 아동 · 청소년의 정신건강 문제에서 가장 흔하고 익숙한 진단명이다. 여기에서 오해하지 말아야 할 것은 진단명이기 때문에 '장애'라는 단어를 붙이지만, 이때의 의미는 우리가 흔히 알고 있는 '장애(Disability)'와는 달리 '질환의 이름(Disorder)'을 의미한다는 것이다.

훈련 시간에 초등학생이 집중하는 것은 쉬운 일은 아니다. 하지만 집중력 부족보다는 인내심과 참을성이 없어 보였다. 요즘 이렇게 집중력 부족과 인내심과 참을성이 부족한 아이들이 많다. 유형을 알아보면 첫 번째, 매사에 급하고 참을성과 인내심이 부족한 아이, 두 번째, 중요한 일이 무엇인지 모르고 당장 눈앞에 중요한 일을 마치지 못하는 아이, 세 번째, 정서적으로 미숙해서 감정과 충동 조절이 어려운 아이, 네 번째, 정리 정돈이 잘 안 되고 제한된 시간 안에 일을 마치지 못하는 아이, 다섯 번째, 무언가를 시작하려는 동기를 가지기가 어렵고 자기 행동의 문제가 무엇인지 모르는 아이, 여섯 번째, 문제의식이 없고 하나의 목표를 위해 다른 일을 끝내지 못하는 아이 등이 있다.

이렇게 산만한 아이들은 농구라는 스포츠를 통해 산만함을 조절해줄 수 있다. 농구는 골대에 공을 넣는 운동이다. 공이 들어가지 않았을 때 '다시 한번 더' 하면서 전두엽의 기능을 활성화시켜 자기조절 능력을 키워주게 한다. 더불어 농구는 유산소 운동이기 때문에 심폐기능의 향상에 도움이 된다. 심폐기능의 향상으로 혈류량을 증가시켜 도파민의 분비를 도와준다. 또한, 시시각각 많은 움직임이 나오기 때문에 공간지각 능력 향상을 통해 두정엽과 우측 대뇌를 향상시킨다. 또한 부모와도 같이할 수 있는 운동이다 보니 공감대를 형성하기에도 좋다. 농구뿐만 아니라 볼링, 테니스, 배드민턴, 캐치볼, 소프트테니스 등과 같이 타기팅이 명확한 운동이라면 모두 ADHD로 산만한 아이들에게 도움이 된다. 시행착오를 통한 재조정이 핵심 요소이기 때문에 전두엽 기능 향상과 도파민의 분비량을 늘릴 수 있는 알맞은 운동이라고 볼 수 있다.

부모들은 모두 아이들을 잘 키우고 싶어 한다. 하지만 정작 내 앞에서 산만하고 집중 못 하는 아이가 있다고 하면 심리적으로 매우 힘이 든다. 부모든, 지도자든 모르고 지도하면 아이에게 상처가 될 수 있다. 나도 모르고 있었던 때는 아이의 잘못만 지적하며 상처를 많이 주었다. 하지만 지금은 대처하는 방식이나 배움을 통해 아이에게 화를 내지 않는다.

대부분의 경우 아이들의 잘못이 아니라, 지침과 교육이 안 되어서 못하는 것뿐이다. 운동과 공부도 집중력 없이는 잘하기 힘들다. 그렇기 때문에 일단 주위 환경을 운동에 집중할 수 있게 만들어야 한다. 나는 처음 신입생과 아이들에게 운동하기 전, 옷, 가방, 기구, 라켓, 공 등을 정리하고 깨끗하게 치우게 한다.

또한, 본격적인 운동에 들어가기 전 집중훈련 시간을 가진다. 1분 동안 눈을 감고 집중하는 것이다. 이 시간이 생각보다 길어서 아이들은 처음에는 하기 힘들어한다. 나와 눈을 맞추는 연습을 하기도 하는데, 집중력이 부족한 아이들은 내 눈을 끝까지 못 보고 다른 곳을 보게 된다. 그래서 신호를 보내는 연습을 통해 알아차리게 한다. 아이의 이름을 불러 주는 것이다. 아이는 그럼 바로 알아듣고 듣는 자세를 한다. 그 행동을 완수하면 그 자리에서 바로 칭찬해준다.

산만한 아이는 누군가 옆에 있으면 계속 말을 걸거나 장난을 친다. 그래서 앞자리에 서게 하고, 끝나면 다른 개인적인 운동을 시키는 것이 좋다. 그리고 규칙을 지키지 않았을 때 거기에 따른 벌이 있어야 한다. 생각하는 의자라든지 운동으로 말하자면 경고성으로 옐로카드를 주고, 레드카드를 받을 경우, 경기 참여를 못 한다는 규칙을 정해야 한다.

운동하는 아이들에게 서로의 기질이 다르다는 것을 인식시켜줘야 한다. 즉 틀린 것이 아니라 다르다는 것을 인정해야 한다. 그러지 못하면 서로 다투고 상처를 받는다. 질서가 무너지고 왕따를 당하는 경우도 있다. 서로의 다름을 인정하고 받아들여야 한다.

대회에 출전하기 전 학업성취도 평가를 본 아이들의 점수를 보았다. 대회 출전을 하기 위해서는 학업성취도의 평균을 입력해야 한다. 평균에 도달하지 못하면 교육을 들어야 하고, 그 교육을 이행하지 못하면 대회 참가가 불가능하다. 그런데 점수를 확인하는 순간 산만한 아이들의 점수표를 보고 깜짝 놀랐다. 평균을 넘지 못하는 아이들도 있었고, 잘하는 것은 잘하고 하기 싫어하는 과목은 그 반대의 점수를 받았다. 공부와 운동은 기질의 영향을 많이 받는다. 공부도 산만하면 집중을 못 하는 것처럼, 운동도 산만하면 실력 향상에 도움이 안 된다.

아이들의 산만함과 집중력 저하는 다른 아이들에게도 피해가 간다. 상담을 통해 아이들에게 규칙과 어떻게 해야 하는지 설명해야 한다. 어떻게 했으면 하는지 진정성 있게 말해준다. 그리고 잘하는 행동이나 어떻게 해야 하는지 구체적으로 설명한다.

아이들에게도 서로의 다른 점을 이해시켜야 한다. 그리고 산만하다고 단점으로만 보는 것이 아니라, 주위에 관심이 많은 것이라 생각해야 한다. 일반 아이들보다 더 궁금증이 많아서 그런 행동을 하는 것일 수 있다. 계속 그런 행동을 하면 불편함을 주지만, 그들의 대부분은 진지할 때는 누구보다 진지한 태도로 임한다. 아이들의 행동을 관찰하면 지도해야 하는 부분이 많다. 하지만 모든 것을 다 지도하면 스스로 하는 능력이나 해결할 수 있는 것까지 놓칠 수가 있다. 아이들의 좋은 지지자로, 조력자로 옆에 있어주면서 아이들이 손을 내밀 때 내가 그곳에 있다는 것만 알려줘도 된다. 기다려주기만 한다면 아이들은 언제든 손을 뻗어 도움을 청한다.

우리는 편견을 가지고 아이들을 보는 경우가 많다. 처음부터 편견을 가지고 아이의 기질을 파악하려 한다. 하지만 그 편견으로 인해 아이의 자신감과 자존감이 무너질 수도 있다. 그리고 대부분의 아이들은 잘못이 없다. 고대안산병원 정신건강의학과 이종하 교수는 "ADHD 아동은 과제를 한 번에 수행하지 못하는 경우가 많은데, 혼내는 것만으로 행동의 변화를 기대하는 것은 어렵다"라고 했다. 그리고 이어 "반복적인 교육이 필요하고, 사소한 것이라도 잘한 것은 즉각적으로 칭찬해 긍정적인 행동이 강화되도록 해야 한다"고 덧붙였다.

나는 운동과 공부를 잘하는 아이들을 지도하는 것보다 아이들이 운동을 좋아하면 시키고 싶다. 대한민국에 모든 아이가 운동으로 하나 되고, 신체와 머리가 모두 건강한 아이들이 많았으면 한다. 어른들이 힘을 합쳐 더 이상 운동을 못 해서 아파하는 아이들이 없길 바란다.

# 짜증과 신경질을 내는
# 아이

나는 학교 아이들이 다들 사이좋게 지내는 줄 알았다. 하지만 내 앞에서만 싸우지 않는 것이지, 내가 없는 곳에서는 폭언과 폭력이 난무했다. 그 사실을 지도한 지 1년이 지나고 나서 알았다.

대회를 갔다 오고 그다음 날 학부모에게 연락이 왔다. 아이가 운동을 그만하고 싶어 한다는 것이다. 이유를 물어보아도 대답을 안 하고 운동이 힘들다고만 했다고 했다. 운동할 때는 너무 재미있게 하고 아이들과도 사이가 좋아 보였다. 실력도 있었고, 누구보다 열심히 운동했다. 교실 하나를 빌려 수업을 마치고 나오는 아이와 상담을 했다. 아이는 몇 분 동안 말을 안 했다. 그래도 아이의 힘든 점을 알아야 했기 때문에 기다려주었다. 10분 정도 지나자 아이가 입을 떼기 시작했다. 아이는 "형들이 게임하면서 화를 내고 신경질을 내서 하기 싫어요"라고 말했다. 그 아이의 짝은 한 살 많은 형이었는데 짝을 하는 동안 자기 실수보다 후배의 실수에 대해 지적하거나 짜증을 부렸다고 한다. 경기에 이겨도 즐거운 것이 아니라 속상하다고 했다.

그 아이의 마음을 알려고 노력했고 그 마음을 보듬아주었다. 그리고 혹시 운동이 싫어서 그만하려는 건 아닌지 물었다. 다행히 운동은 너무 좋다고 했다. 그러면 해결 가능한 문제라고 답한 뒤 해결 방법을 찾아보기로 했다. 나는 문제 행동을 보이는 아이와 상담을 해야 했다. 그다음 날 아이의 선배와 상담을 시작했다. 대부분의 경우, 자기의 잘못을 잘 모르고 있다. 그리고 그런 폭력적인 행동이나 말이 반복된다.

가장 중요한 점은 서로의 감정을 상하는 말과 행동은 안 된다는 것을 교육시켜야 한다. 어른도 짜증과 신경질을 내는 사람이 많다. 그것은 모두 스트레스를 표출하는 행위다. 아이들은 자신의 감정을 표현을 어떻게 해야 할지 몰라서 화를 내거나 짜증을 부리는 것이다. 먼저 조절하는 능력을 키워주는 것이 우선이었다. 경기나 연습 도중 화가 나거나 짜증이 나면 먼저 심호흡을 15초 정도를 내쉬라고 했다. 15초간 심호흡을 해도 흥분이나 화가 안 가시면 10초 정도 더 하라고 했다.

이러한 행동을 거치면 자기 분노 및 심장박동수와 호흡이 제자리를 찾는다. 그러면 처음에 느낀 감정도 내려가 있다. 반복적인 연습과 자기조절을 할 필요가 있다. 진정되었을 경우 바로 그 자리에서 칭찬해주어야 한다. 그리고 팀원들과 의사소통을 통해 서로 격려의 말을 아낌없이 하도록 한다.

경기 결과도 중요하지만, 과정이 더 중요하다는 것을 인식시켜 줘야 한다. 감정을 표현할 때 짜증과 신경질을 내는 것은 팀에 도움이 안 되는 것을 인식시켜야 한다. 예를 들어 서로 부정적인 말을 했을 때와 긍정적인 경기를 하고 나왔을 때를 비교해보게 한다. 하나는 결과적으로는 경기에서 승리했지만, 부정적인 말을 했다. 하나는 경기에서는 졌지만 긍정적인 말을 하고 경기를 끝냈다.

팀원을 불러 경기의 소감을 발표하게 했다. 대부분의 아이는 승리한 경기보다 졌지만, 긍정적인 말을 한 경기가 더 좋았다고 이야기했다. 스포츠의 첫 번째는 매너와 화합이다. 서로에게 존중을 표하고, 경기에 최선을 다하고, 끝나면 승부를 인정한다. 패자는 승자에게 진심 어린 축하를 하고, 승자는 패자에게 격려를 아낌없이 해야 한다.

운동은 어느 한 사람의 개인적인 감정과 생각으로 하는 것이 아니다. 경기에 지면 화가 나는 것은 당연하다. 하지만 그 경기를 하는 목적과 결과에서 나오는 것을 배우려는 자세가 더 중요하다. 경기에서 이긴 것으로 끝이 나는 것이 아니기 때문이다. 경기 결과도 중요하지만, 과정 중에 부족한 부분을 메모해둔다. 경기에

졌다면 자기가 부족한 부분을 찾거나 지도자 선생님에 조언을 듣는다. 이런 것이 모여 자기의 기량과 선수로서 가져야 하는 도덕성이 생겨난다.

화를 많이 내거나 짜증을 많이 부리는 아이들은 함께하는 운동이 좋다. 승패와 관련해 시작하는 것보다는 같이 끝까지 해냈다는 과정을 중요시하는 운동이 중요하다. 육상은 혼자 스스로 노력을 통해 끝까지 달릴 수도 있지만, 400m 계주와 같은 경기는 팀의 도움을 받아 끝까지 가는 경기다. 혼자 하는 경기와 다 같이 하는 경기를 통해 필요한 부분은 연습하고 같이해야 하는 경기에서는 협동해야 하는 것을 배운다.

우리는 매년 서너 개 정도의 대회에 나간다. 우리는 단체전(소인수 단체) 경기를 먼저 실시하고, 그 후에 개인전(두 명이서 하는 경기) 경기를 진행한다. 단체전 예선 경기를 하는 도중 5학년 아이가 울면서 벤치로 돌아왔다. 경기를 잠시 멈추고 달래려고 했지만, 아이의 울음은 쉽게 멈추지 않았다. 5분의 타임이 끝날 무렵 어떤 게 속상해서 우는 것인지 차분하게 물었다. 아이는 선배가 하는 욕이 너무 무서워서 울었다고 했다.

나도 경기를 보고 있었지만 그런 말을 못 들었다. 하지만 시합이 끝나고 나서 이야기를 들었는데 파이팅을 하는 순간, 귀에 대고 속삭이듯이 욕했다는 것이다. 자기는 잘하고 있는데 후배가 계속 실수하니 화가 나서 욕을 했다고 했다. 경기는 당연히 졌다. 그 후 모인 아이들의 분위기는 좋지 않았다. 나도 지도자로서 조금 화가 났다. 그 순간 아이에게 벌을 주어야겠다고 생각했다. 돌아오는 길에 부모님에게 사실을 알리고 매를 들었다고도 덧붙였다.

지금은 폭력과 언어적 폭언도 징계를 받는 시대다. 하지만 징계가 두려워 피하려는 모습은 나를 더 부끄럽게 만든다. 하지만 나는 매를 드는 것이 먼저가 아니라 내가 배워야 아이들을 잘 지도할 수 있겠다고 깨달았다. 아이들의 기질과 성격을 더 공부하면서 아이들에게 모범을 보여야 했다. 그리고 존중과 배려를 교육시키고 인성을 높이는 프로그램을 보여주어야 했다. 나의 비전은 아이들의 도덕성과 인성을 높이는 것이다. 그러면서 규칙을 만들고 그 규칙을 못 지킬 시 반드시 그만 한 벌을 받도록 했다. 예를 들어 인성교육을 안 듣고 규칙을 안 지키면 페널티 점수를 받게 했다. 그 점수는 대회출전 자격을 부여하는 점수로 활용된다.

아이들은 화를 내면서도 자기를 알아주었으면 한다. 화를 내거나 짜증을 부리는 아이들은 자기가 불만이 있다고 몸으로 표현하는 것이다. 아이를 혼내는 것이 아니라 아이의 마음을 먼저 알아주어야 한다. 그리고 아이가 말을 할 수 있게 들을 준비를 먼저 해야 한다. 그 후, 아이의 말에 경청하고 진심 어린 말로 아이에게 말해준다.

"저는 게임을 너무 이기고 싶었어요"라고 말하는 아이에게 "이기고 싶었는데 이기지 못해 아쉬웠구나"라고 이야기해준다. 마음을 알아주고 난 후에 훈육해야 한다. 이기는 것도 중요하지만 같은 팀의 마음을 다치게 하는 것은 바람직하지 않다고 이야기한다. 무엇보다 중요한 것은 위계질서를 교육하는 것이다. 예를 들어, 어른들이 있으면 어른들부터 드리는 것이 옳다고 예절을 교육하는 것이다. 어른의 권위가 떨어지면 아이들에게 어떤 말을 하더라도 받아들이지 않는다.

화를 내거나 짜증을 부리는 아이들은 대부분 욕구가 충족되지 못해 생기는 현상이다. 이기지 못하거나 가지지 못해 짜증을 내거나 화를 낸다. 이럴 때 계속 받아주거나 제멋대로 두는 것은 절대 아이에게 좋지 않다. 화가 난 상태에서 오히려 같이 화를 내거나 짜증을 내면 아이에게 지는 것이다. 진정이 될 때까지 기다린 후, 온전한 상태에서 이야기해야 한다.

한 가지 운동보다는 여러 가지 운동을 하면서 규칙과 질서를 배우고 작은 것을 바로바로 칭찬해나가다 보면 아이도 기다리는 것을 배우고 자기조절을 어떻게 해야 하는지 깨닫게 될 것이다. 어른들이 먼저 모범을 보여주어야 한다. 더 이상 화만 내는 아이들이 아니라 성장하는 아이들이 되길 바란다.

# 06

## 잘 울고 잘 삐지는
## 아이

초등학교 6학년 시절, 나는 어머니와 매일 다투고 혼자 삐져 있었다. 매일 교회를 데리고 가는 어머니가 너무 싫었다. 운동을 하고 싶은데 교회에 가라고 하니 매일 도망만 다녔다. 교회에 가기 싫은 나머지 계속 떼를 쓰고 울었다.

하지만 독실한 기독교 신자인 어머니는 새벽기도에 자는 나를 깨우며 데리고 가셨다. 반복되는 말다툼과 어머니의 강요에 나는 눈물부터 나왔다. 그리고 온종일 말을 안 한 적도 많았다.

그래서인지 지금도 교회에 가는 것에 거리감이 느껴진다. 이런 성격은 중학교까지 이어져 선생님이 조금이라도 나를 혼낸다고 생각하면, 눈에 바로 눈물이 고였다. 하지만 운동을 하면서 조금씩 자신감이 생기고, 내 감정 조절을 할 수 있게 되었다. 그렇게 조금씩 밝아졌고, 아이들과 잘 어울릴 수 있게 되었다.

지도하면서 나와 같은 기질을 가진 아이를 보았다. 겉으로는 굉장히 강하고 신체 조건도 우람해 보였다. 하지만 친구와 말다툼을 하게 되면, 울면서 토라지거나 삐지는 모습을 많이 보았다. 누가 보아도 싸우면 이길 것 같은 체격을 가지고 있음에도 매번 우는 것은 그 아이 쪽이었다. 소프트테니스 연습을 하는 도중에도 아이의 부족한 부분을 말할 때면 입이 쭉 나와 있다.

동료들은 그 아이의 그런 모습을 보며 놀리기까지 했다. 이런 기질의 아이들은 승부가 있는 경기보다는 같이 놀이식으로 하는 것을 시작하는 것이 좋다. 피구 경기를 통해 공을 던지는 기회를 많이 주고 자신감을 높인다. 그리고 열심히 하는 과정을 칭찬한다.

이런 아이들은 관심을 받고 싶어 하는 경우가 많고, 자기중심적으로 생각하기 때문에 억울함을 많이 호소한다. 공정하게 심판을 보고 있다는 것을 인식시켜주고 가볍게 토라진 경우, 관심보다는 내버려두는 것이 좋다. 하지만 심하게 토라졌다면 먼저 달래주고 왜 감정이 상했는지 물어본다. 그리고 하루에 수십 번씩 삐지거나 우는 아이라면 대화를 통해 아이 스스로 이런 행동이 잘못되었음을 깨닫게 해줘야 한다.

부모들은 아이들을 너무 소중히 다루기 때문에 많은 것을 해주려고 한다. 그러다 보니 작은 것을 안 해줘도 아이가 삐지거나 토라지는 경우가 많다. 울거나 삐지면 부모가 어쩔 수 없이 해주는 경우가 많기 때문이다. 나쁜 감정을 가지고 하는 경우는 아니지만, 그렇게 학습이 된 것이다. 그냥 말하면 안 들어주고 울거나 삐지거나 떼를 쓰면 해주는 것이 학습된 것이다.

이런 기질의 아이들은 자기가 자신 있어 하는 운동을 하는 것이 좋다. 예를 들면 축구, 배드민턴같이 부모와 함께할 수 있는 운동을 통해 자신감을 심어주는 것이 좋다. 그리고 규정에 맞게 경기를 해보는 것이 좋다. 경기하면서 어떤 부분을 배워야 하는지, 그리고 지켜야 하는지 터득한다면 그 규정 속에서 재미를 느낀다.

그리고 승패에 대한 기분을 느끼기보다는 과정의 즐거움을 느끼게 해주는 것이 좋다. 그러지 못하면 자기중심적으로 게임을 풀어가며 반칙도 하면서 이기려는 욕구가 강해진다. 최선을 다했지만 질 수도 있다는 것을 알게 해야 한다. 최선을 다했더라도 질 수 있다는 점을 인식하지 못하면 좌절을 먼저 배우게 된다. 최선을 다했다는 것에 아낌없이 칭찬해주고, 공감해주는 것이 필요하다.

강해 보이지만 속이 여린 아이들이 많다. 자기 생각대로 되지 않으면 겉으로는 씩씩한 척하지만, 살짝만 건드리면 눈물부터 보이는 아이들도 많다. 주장을 하기도 한 아이가 있는데 이 아이는 누가 보아도 모범생이었다. 이런 아들이 있으면 좋겠다는 생각을 했을 정도다. 욕심도 있어서 자기가 부족하다고 생각하면 알아서 운동한다. 리더십도 있어서 어떤 행동을 할 때 나서서 무엇을 해야 하는지도 다른 아이들에게 설명한다. 그런데 이 아이는 겉으로는 굉장히 강해 보였음에도, 작은 자극에도 눈시울이 붉어졌다. 처음에는 경기에서 패하게 되면 울면서 나왔다. 불러서 물어보면 단순히 패배에 대한 속상함 때문에 운다고 했다. 그런데 눈시울이 붉어지거나 눈물을 보이는 경우가 점점 잦아졌다. 감정을 말로 표현하기보다는 눈물로 표현하는 것처럼 보였다. 그런 행동들이 많아지면서 스스로 부담감을 가졌고, 주장으로서도 많은 어려움을 겪었다.

이런 기질의 아이들은 먼저 이야기를 들어줘야 한다. 어떤 것으로 힘든지 자기 스스로 말해야 한다. 말로 표현을 못 했기 때문에 눈시울이 붉어지고 감정을 눈물로 대체하는 것이기 때문이다. 그리고 아직 무엇을 감당하기에 준비가 되지 않았기에 잘하려고 노력하지만, 거기에 오는 부담감이 더 큰 것이다.

혼자 하는 것은 잘하지만 리더의 역할을 할 때면 부담감과 압박감이 온다. 나 혼자가 아닌 팀을 이끌어야 하는 그릇이 아직 준비되지 않았을 수 있다. 아이의 말을 귀 기울여 끝까지 들어주고 공감하면서 이야기한다. 이런 아이들은 감정적 인내심이 낮은 경우라고 할 수 있다. 자기의 한계치를 설정했을 때 설정 한계선까지는 잘해낸다. 하지만 그 한계선을 넘으면 자기의 감정을 표현하기가 어려워 눈물을 보이는 경우가 있다. 누구나 한계선을 넘으면 감정의 어려움과 스트레스를 많이 받는다. 아이들도 스트레스를 해결하는 데 어려움을 겪는다.

스트레스를 풀어주기 위해 일주일에 한 번씩 아이들이 원하는 운동을 시켜준다. 대부분 미니축구와 피구를 많이 한다. 그러면 아이들은 팀워크를 발휘하면서 신나게 땀이 나도록 뛴다. 그렇게 땀을 많이 흘린 뒤 찾아오는 점심시간은 먹는 것으로 스트레스를 풀 수 있다. 자기만의 방식으로 스트레스를 푸는 아이들도 있지만, 운동에서 받은 스트레스는 운동으로 풀어주려고 한다. 같이 몸을 부딪히면서 서로 힘을 겨루며 성장해간다. 작은 그릇은 큰 그릇으로 가기 위한 발판이다. 우리는 사회로 나가기 위한 준비를 하는 것이다.

자기중심적 사고에서 운동으로 사회성을 배운다. 몸과 마음으로 배우고 터득해 자기 것으로 만드는 과정을 거친다. 기질은 쉽게 변하지는 않지만, 충분한 관심과 지도로 자기 옷을 찾아갈 수 있다. 요즘의 아이들은 각양각색으로 스트레스를 받고 있지만, 해소하는 방법을 잘 모른다. 우리는 아이의 기질을 잘 살펴 아이가 스스로 그릇을 키워나갈 수 있게 지도하고 공감해야 한다.

3학년 G라는 학생은 승부욕이 너무 큰 나머지 속상해하며 눈시울이 붉어지는 경우가 많았다. 팀원으로 같이 게임을 하다가 자기의 실수가 너무 많아지면 자책으로 울음을 터뜨렸다. 스스로가 답답해하는 것이 느껴졌고 웃으면서 경기하는 것을 많이 못 보았다. 나는 아직 너무 어려서 그런 줄만 알았는데 그게 아니었다.

상담을 해보았는데 자기가 원하는 대로 안 되어서 너무 속상하다고 했다. 자기는 10이라고 생각하고 누군가는 잘한다고 말하지만, 정작 경기를 하면 지는 것이 억울하다고 한다. 훈련하는 양만큼 잘 안 되는 것이 너무 속상하다고 했다. 내가 할 수 있는 말은 아무것도 없었다. 들어주는 것만이 내가 할 수 있는 일이라고 생각했다. 마음을 알아주고 공감해주는 것만으로도 도움이 되길 바랐다. 그리고 마지막으로 한마디했다. "언제든지 도움이 필요하면 말해줘. 그럼 선생님이 달려갈게"라고 했다. 내가 무엇을 해줄 수 있는 것보다 무엇을 해야 잘할 수 있는지를 알려주고 싶었다. 세상에 조언해줄 수 있는 사람은 많다. 하지만 정작 조언보다는 들어주는 사람이 없어서 아이들은 더 힘들어한다.

어떤 말들보다 들어주는 것이 첫 번째다. 나도 말하는 것을 좋아하는 지도자다. 하지만 아이 앞에서는 말을 아끼려고 한다. 마지막으로 공감을 해주면 그 아이는 더 큰 그릇으로 더 넓은 세상을 경험하게 될 것이다. 나는 아이들의 말을 잘 들어주는 지도자이자 잘 공감하는 지도자라는 말을 듣는 것이 목표다.

아이의 편에 서서 아낌없이 주는 지도자가 되려고 한다. 그런 지도자는 세상에 나밖에 없다는 자부심으로 살아간다.

# 07

# 배려심이 없는
# 아이

나는 둘째가 생기면서 양보라는 말에 굉장히 공감을 많이 하게
되었다. 그 어려움의 첫 번째는 물건에 대한 서운함으로, 계속 언
니와 싸우는 것을 목격하고 말리기 바빴다. 그리고 첫째에게만 양
보하라고 하고 화도 더 내는 나를 보게 되었다. 첫째를 이해하는
것보다는 둘째를 더 안타까워하는 마음이 컸다. 첫째는 자신이 가
지고 싶어 하는 것은 동생을 살살 달래면서 얻어내거나 반협박처
럼 말하며 원하는 것을 다 챙긴다. 하지만 둘째가 첫째 언니에게
필요한 옷이나 먹는 것을 달라고 하면 손해를 보지 않으려고 안
준다. 그런 모습들만 보니 첫째가 얄밉기까지 했다.

그러다 첫째에게 설명해서 양보하라고 하면 결국에는 우는 첫
째에게도 미안했다. 그래서 이런 식으로 상처를 주기보다는 공부

를 해야겠다는 생각에 책도 읽어보고, 자료들을 찾아보았다. 배려는 자기 존중에서 나오는 것이다. 부모가 자기를 존중해주느냐에 따라 아이의 배려심이 달라질 수 있다.

부모가 먼저 보여줘야 했다. 집에서부터 남에게 먼저 주는 것이 아니라 자기 것이라는 것을 확실히 알게 하는 것이 중요했다. 첫째의 물건을 보관할 수 있는 공간을 만들어주고, 둘째에게도 공간을 만들어주었다. 자기의 물건은 스스로 치우게 하고 본인 이름의 스티커를 붙이게 했다. 그리고 동생이 언니 것을 쓰려면 물어보고 허락을 받은 후에 쓰기로 규칙을 정했다. 자기 물건이라는 것을 인식시켜주고, 옷장도 같이 쓰던 것을 따로따로 나누어주었다. 그 뒤 작은 변화가 시작되었다. 자기 물건을 소중히 하면서 싸우는 일이 점점 줄었다.

먹는 것에도 규칙을 정했다. 먹는 것을 나누어줄 것이 아니면 집으로 가지고 오는 것을 금지했다. 그렇게 했더니 집에 가지고 오는 것들은 서로서로 나누어 먹게 되었다. 먼저 부모인 우리부터 양보하는 모습을 보여주었다. 예를 들면, 먹을 것이 있으면 우리만 먹는 것이 아니라 옆집과 나누어 먹었다. 그리고 필요하지 않은 물건은 주위의 필요한 사람들에게 나누어주었다. 그러면서 아이들도 장난감이나 집에서 안 쓰는 장난감을 동생들이 오면 나누어주었다. 부모가 솔선수범하는 모습을 보이면 자녀들도 그 모습을 자연스럽게 배운다.

초등학교 운동장 옆에 소프트테니스장이 있다. 매일 아침과 오후에 아이들이 신나게 뛰어다니기도 하고 훈련도 열심히 하는 공간이다. 그런 공간에는 정리하는 사람과 관리해야 하는 사람이 있어야 한다. 처음에는 내가 모든 것을 관리하고 청소하며 정리했다. 하지만 그럼에도 불구하고 주위는 점점 쓰레기가 넘쳐났고, 공은 점점 줄어들고 있었다. 가장 큰 문제점은 간식을 먹고 함부로 버리는 행동이었다.

아이들을 불러 모아 정리하는 것을 지도하고 시켜보았다. 그러자 하는 아이들만 하고 그 외의 아이들은 그냥 지켜보기만 하는 문제가 생겼다. 힘든 것은 안 하고 하기 쉬운 일만 하려고 했다. 두 명의 아이를 유심히 지켜보았는데 같이하는 일에는 참여를 하지 않았다. 그래서 이런 행동들이 무엇이 문제인지를 인식할 수 있는 기회를 만들었다.

모든 훈련을 종료하고 다른 아이들은 모두 귀가시키고 둘만 남겼다. 두 아이에게 이렇게 말했다. "이제부터는 우리가 정리를 다 해보는 거야" 하면서 정리를 시작했다. 공 줍기, 쓰레기 정리, 분리수거와 화장실 청소 등과 여러 가지 일들을 함께했다. 20분 정도 하고 나서 나는 아이들을 불러 간식을 먹으며 질문했다. "오늘 셋이서 정리를 해보았는데 어떠니?" 하고 물었다. 한 아이는 "치울 게 별로 없는 줄 알았는데 세 명이 하니깐 힘들었어요"라고 대답했다. 그리고 나머지 한 명은 "다른 아이들이 이렇게나 많이 하는 줄 몰랐어요"라고 했다. 나는 두 아이에게 "너희들이 안 하면 다른 아이들이 이 일을 다 해야 하는 거야"라고 말했다. 그리고 오늘 정말 수고했고 잘했다고 칭찬도 했다.

그다음 날부터 우리는 소프트테니장과 쉼터에 있는 공간을 세 팀으로 나누어 책임감을 부여했다. 그리고 각 세 개의 팀에서 팀장을 뽑았고 팀장은 같이 일하며 그 날짜에 사인을 하고 가게 했다. 청소를 못 하거나 책임자가 사인을 못 하면 다른 팀원이라도 사인을 하게 만들었다. 청소를 못 하거나 정리가 안 되는 구역은 그다음 날 간식을 못 먹는 것으로 했다.

우리는 남을 배려하지 않으면 손해를 본다는 것을 인식해야 한다. 배려하지 않으면 나만 생각하는 잘못된 방향으로 나아가기 쉽다. 우리는 공동체 생활을 하며 혼자 살아갈 수 없다. 사회성의 중요한 부분인 배려로 나를 존중하는 동시에 남도 존중을 해야 한다.

요즘은 코로나로 인해 모든 사람이 예민한 상황이다. 더군다나 소규모 모임도 제한적이라 소수만 모여 이야기한다. 다 같이 모여 이야기하고 즐거운 파티와 운동을 못 하고 있다. 그러다 보니 아이들은 자기 것만 알고 남을 배려하는 상황을 배우지 못하고 있다. 혼자 살 수 없다는 것을 알아야 하는 시기에도 혼자 있어야 하는 상황이 자연스럽게 만들어졌다.

아직 배려심이 정착되지 않은 아이들은 승패의 경기보다는 협력하는 운동을 찾는 것이 바람직하다. 혼자서 할 수 없는 경기를 해보는 것이 좋다. 배구, 축구, 조정 등을 이야기할 수 있는데, 조정은 주위에서 하는 곳을 찾기가 조금 어려운 단점이 있다.

나는 대학 시절, 래프팅을 할 기회가 있었다. 더운 날씨에 물에 들어간다는 생각에 너무 들떠 흥분과 호기심이 극에 달했다. 안전하게 구명조끼를 입고 준비운동을 하고 고무보트에 올랐다. 여섯 명이 한 조가 되어 뒤에 한 명의 조교가 구령을 넣었다. 4시간 코스라고 했는데 20분도 안 되어서 집에 가고 싶었다. 그날따라 비가 오지도 않아 물살이 전혀 없었다. 그래서인지 체력은 바닥으로 향했고, 나 혼자 쉴 수 없는 상황이었다. 점점 모두 지쳐가고 있었다. 그때 선배의 말에 구령에 맞춰 노를 젓기 시작했다. 한 명이라도 호흡이 안 맞으면 한쪽으로 치우쳤기에 힘의 균형도 맞추면서 다시 힘을 모았다. 지쳐갈 때쯤 우리는 물에 들어가 수영을 하면서 더위를 식혔다. 그러다 다시 올라와 힘을 모아 끝까지 완주했다. 혼자라면 절대 내려올 수 없는 코스를 다 같이 해냈다는 뿌듯함에 서로 격려해주었다.

협력을 통해 서로 힘을 합하면 힘이 배가 되고 작은 도움도 모이면 큰 것이 된다. 지금 우리는 자녀를 품에만 가두어두려고 한다. 그러다 보니 남들과 서로 소통을 하고 돕는 것에 인색하다. 밥을 먹을 때도 먼저 먹거나, 타인에게 먹을 것을 양보하지 않는다. 어른이나 선생님 먼저가 아닌 자기 것이 먼저인 아이들이 사회에 나갔을 때 남을 배려할 수 있을까?

우리는 아이들에게 먼저 모범을 보여야 한다. 나는 그래서 학교 주위나 코트에 있는 쓰레기를 먼저 줍는다. 말이 먼저가 아니라 행동이 먼저임을 알려주어야 한다. 내가 먼저 치우지 않으면 아이들도 치우지 않는다. 우리나라 학교의 대부분은 하루에도 수십 개의 아니, 수백 개의 쓰레기로 넘쳐난다. 주말이 지나면 할머니, 할아버지들이 쓰레기봉투와 집게를 들고 쓰레기를 줍느라 바쁘시다.

우리가 먼저 문화를 만들어야 한다. 나만 생각하고 '나는 버려도 되겠지'라는 생각으로 행동한다면 우리는 더 어려운 환경에 살아가게 된다. 이렇게 나만 생각하는 문화는 사회적으로 너무 위험하다. 우리는 내가 아닌 서로를 위해 배려하며 함께 나아가야 한다. 우리 자녀 세대는 좀 더 깨끗하고 좋은 환경에서 운동을 할 수 있어야 하지 않을까.

우리는 100세 시대를 살아가고 있다. 하지만 100세까지 그저 살아가는 것이 중요한 것이 아니다. 건강하게 사는 것이 중요하다. 그러기 위해서 어릴 때부터 운동이 취미가 되고 건강과 체력을 높여야 한다.

동시에 자기 자신을 존중할 줄 알고 남을 배려하는 마음을 싹트게 한다면 더 좋은 스포츠 강국이 될 것이다.

# 08

# 인내심이 부족한
# 아이

우리는 매일같이 너무 많은 정보와 새로운 것이 쏟아지는 세상에 살고 있다. 누구보다 빠르게 하는 것이 유행처럼 번지고 있다. 남들보다 느리면 뒤처지는 상황이 되기에 교육도 남들보다 빠르게 배워야 한다고 믿고 있다. 하지만 무엇이든 과하거나 부족하면 문제가 발생한다.

예전에 게임을 굉장히 좋아했던 나는 게임의 속도만 떨어지면 답답해서 참지 못했다. 그래서 좀 더 빠른 것을 찾아서 사고 그마저도 기다리지 못해 직접 가기까지 했다. 특히 택배가 오는 날이면 택배사에 가서 받아오기까지 했다. 성격이 급하다는 말을 많이 듣고 자라 무엇이든 빠르게 하는 것을 원했다. 그래서 기다리는 시간이나 오랫동안 하는 지속성이 부족했다.

이런 사고방식을 조금이나마 고치고 더 나은 삶을 살고자 마음을 먹었다. 실수하더라도 수정해나갔다. 이런 일이 반복되면서 나에게도 지속 가능한 힘이 생겼다. 일주일 하는 일이 한 달이 되어가고, 3개월 동안 유지했다. 그리고 이제는 기다리는 것이 어렵지 않게 되었다.

우리는 운동을 하기 전에 항상 모여서 인사를 하고 오늘의 운동 계획에 관해 이야기한다. 이 이야기를 하는 시간은 아이들이 인내심의 한계를 느끼는 시간이다. 그런 시간에 꼭 튀는 아이가 있다. 온몸을 비틀거나 자기 팔을 옷에 집어넣어 꽈배기를 만들기도 한다. 잠깐의 시간을 못 버티고 친구 뒤에 가서 이상한 표정으로 집중력을 흐려놓는다.

매번 똑같은 말을 해도 좋아지는 기미가 안 보이고, 기다리는 것을 못 하는 아이였다. 그리고 지도자 선생님의 눈을 쳐다보지 못했다. 집중을 굉장히 못하는 아이였기에 그 아이로 인해 운동 시간과 연습 시간을 갉아먹는 일이 많아졌다. 같은 일이 반복되자 나도 슬슬 화가 나기 시작했다. 혼을 내보기도 하고 상담도 해보았지만, 상담을 하면 할수록 내 인내력은 조금씩 바닥을 드러냈다.

요즘 들어 참을성과 인내력이 부족한 아이들이 많다. 인내심이 부족한 아이는 운동 실력을 늘리기보다는 잠깐이라도 그 자리에 있게 하는 훈련을 하는 것이 중요하다. 우리는 운동 시작 전 1

분 동안 눈을 감고 집중하는 훈련을 한다. 인내심이 부족한 아이는 5초만 지나도 눈을 떠서 다른 행동을 한다. 아이의 인내심을 기른다고 처음부터 긴 시간을 하면 오히려 부작용이 일어난다. 모든 아이들이 동시에 눈을 감는데, 이때 장난을 치거나 다른 행동으로 방해를 하면 1분은 다시 시작된다.

서로 장난을 치지 않기 위해서는 어느 정도의 거리를 두고 시키는 것이 좋다. 그리고 인내심이 부족한 아이가 성공했을 경우, 그 자리에서 과정에 집중한 부분을 격려하고 칭찬해준다. 이런 행동들을 통제한다는 것은 쉽게 보이지만, 안 되는 아이들이 많다. 어른들 역시 잠시라도 가만히 있지 못하는 분들도 많기 때문이다. 아이들의 행동은 당장 고쳐지지 않는다. 매일 조금씩 반복적으로 훈련하고 지도해야 한다. 반복적으로 훈련하고 아이의 행동 변화에 적절한 피드백과 칭찬을 이어간다면 충분히 인내심이 강한 아이로 성장할 수 있다.

내가 운동을 가르치는 아이 중 특히 인내심이 강한 아이가 있다. 인내심이 강하다는 것은 과정에 오는 고통을 참고 견디는 것을 말한다. 우리는 5일 동안 연속으로 일기, 감사일기, 긍정 확신, 저금, 메모장 등을 하면 오버 그립(라켓에 소모품 그립)과 밴드를 준다. 이 물품을 계속 받는 아이는 정해져 있다. 아이는 그 과정 뒤에 자기가 원하는 것이 있는 것을 안다. 그리고 운동을 할 때도 행동보다는 먼저 생각하고 말한다. 말을 하고 바로 그것이 행동으로 이어져 동작을 만들어낸다.

이렇게 하는 것은 학습 능률을 굉장히 높이는 효과가 있다. 대부분의 아이는 행동부터 하고 실수를 반복하게 된다. 그리고 그 실수가 계속 이어져 나쁜 습관이 된다. 공부도 마찬가지라고 생각한다. 오답노트가 중요한 이유는 내가 틀린 부분을 다시 실수하지 않기 위해서다. 배우는 시기에는 자기가 틀렸다는 것을 알기 위해서 행동하기 전에 먼저 말을 하고 행동으로 이어져야 한다. 그러면 자기 스스로 어느 부분에서 틀렸는지 알 수 있다.

앞의 인내심이 강한 아이는 말을 먼저하고 행동으로 이어지게 하려고 노력한다. 배우는 과정을 즐기고 힘들어도 끝까지 최선을 다한다.

인내심이란 괴로움이나 어려움을 참고 견디는 마음이다. 부모 세대에서는 괴로움이나 어려움을 참고 견딜 만한 힘이 있었다. 하지만 지금 세대는 먹는 것에 대한 불편함도, 생활의 불편도 줄어들었기에 불편을 감수해나가는 데 약하다. 과거에 비해 가고 싶으면 갈 수 있고, 먹고 싶으면 먹을 수 있고, 하고 싶으면 할 수 있는 세상이 되었기 때문이다. 또한 정보를 얻을 방법 역시 무궁무진해졌다.

시대가 너무 빠르게 변해가고 있기에 우리는 좋은 사회에 살고 있다고 말한다. 하지만 빠르게 변화하는 것이 좋기만 한 것일까. 아침이 되면 학교 앞에는 자녀를 실어 나르는 차량으로 붐빈다.

아이들 손에는 스마트폰이 한 대씩 쥐여 있고, 집에 가면 컴퓨터 한 대씩은 다 있다. TV는 물론, 어디든 갈 수 있는 차도 있다. 이런 시대에 아이들은 느리면 뒤처지는 줄 알고 산다. 참는 것이 이상해지고, 느린 것이 답답해지는 세상에 살고 있다. 우리는 자녀들에게 '천천히 참고 기다리는 법'을 가르쳐야 한다.

과정을 무시해서는 좋은 결과가 나오지 않는 운동처럼, 모든 것을 빠르게 하려는 습관을 버려야 한다. 그 방법 중 하나가 나는 책이라고 생각한다. 그래서 나는 아이들에게 운동뿐만 아니라 책도 읽게 한다. 빠르게 가는 것이 아니라 어디로 가는지를 알아야 한다. 운동은 힘들어야 운동이라고 했다. 운동은 재미로만 할 수 있는 것이 절대 아니다. 땀이 나고 그 과정을 견디고 앞으로 나아가야 비로소 빛이 날 수 있다.

내가 운동을 가르치는 아이 중에 목소리가 유독 큰 아이가 있다. 목소리가 큰 것은 스포츠를 할 때 즐거움을 높일 수 있어 좋은 부분이다. 하지만 그것을 감정으로 쓴다면 다른 이야기가 된다. 이 아이는 자기가 원하는 대로 되지 않을 때 찢어지게 소리를 지르면서 말한다. 누구도 듣기 싫어 하는 목소리로 크게 소리친다. 크게 말하지 않아도 다 들리는데 자기의 감정을 참지 못하고 화난 목소리로 말한다. 그리고 팀원과 같이 경기를 하면 감정을 바로바로 말로 전달하거나 표정으로 표현한다. 그러다 목소리가 조금 커지고, 더 커지고, 결국에는 자기 분을 못 참고 욕을 하거나 과격한 행동을 한다. 작은 일에도 화를 잘 내고, 하기 싫은 것은 안 한다. 반면 자기가 원하는 것은 어떻게든 하고 만다. 그러나 정작 책을 읽은 내용을 발표하라고 하면 그렇게 크던 목소리는 사라지고, 기어들어가는 목소리로 발표한다.

난 이 아이의 마음을 먼저 열어보고자 아이가 어떤 게임을 좋아하고, 그 밖에도 어떤 것에 관심이 있는지 물었다. 아이는 유튜브와 스마트폰 게임에 관심이 있었다. 그리고 자기의 문제 행동에 대해 잘 인식하지 못했다. 그래서 나와 간단한 규칙들을 정했다. 일단 경기를 하는 도중에 화가 난다면 먼저 심호흡을 10~15초 정도 하라고 했다. 그리고 선생님이 이름을 부르면 알아차릴 수 있어야 한다고 했다. 이름만 불러도 제어장치가 생기도록 했다. 중간 과정 없이 바로 감정을 드러내기보다 중간 단계 하나를 만들어야 했다. 그리고 말하기 전에 먼저 생각하고 말하기를 연습시켰다. 자기 허벅지를 만지고 이야기를 한다든지, 엄지손가락을 만지면서 생각하고 말하도록 했다.

약속과 규칙을 말하고 그다음 날, 경기하는 중에 또 감정이 올라오는 아이를 보았다. 난 이름만 딱 불러 주었다. 아이는 바로 돌아서서 심호흡을 15초 정도 했다. 그러더니 표정과 말하는 톤이 많이 바뀌었다. 그리고 경기가 끝나고 같이 팀을 한 친구에게 오늘 경기가 어땠는지 묻자 "어제 경기는 게임이 재미없고, 하기 싫었는데 오늘은 게임도 재미있고, 좋은 말을 해줘서 고마웠다고"라고 했다. 목소리가 컸던 아이는 그날 이후 질문을 하기 전에 허벅지를 만지거나 엄지손가락을 만져서 생각하고 말하기도 잘 해냈다.

우리 어른들은 원래 아이들은 말을 잘 듣는 것이 아니라는 것부터 받아들여야 한다. 아이들은 말을 안 듣고 장난을 치고 뛰는 것이 당연하다. 아이가 말을 잘 듣고 장난도 안 치고 잘 뛰지도 않는다면 병원을 데리고 가봐야 한다. 나도 어릴 때 얼마나 말썽꾸러기였는지 궁금해서 어머니에게 물어본 적이 있다. "어머니, 나 키우는 거 힘들었어요?"라고 물어본 적이 있다. 어머니의 대답은 "너를 키울 바에야 소를 열 마리 키우는 것이 낫다"라고 말했다. 외동아들인데 속을 너무 썩인 것이 미안했다.

우리는 완성된 아이가 아니라 완성이 되어가는 과정에 우리가 어떻게 지지대를 만들어줘야 하는지를 알아야 한다. 우리의 역할은 아이의 상처를 최소한으로 하고, 힘들더라도 세상은 살아갈 만하다고 지도해야 한다. 노력하면 성공할 수 있고, 하기 싫어도 해야 하는 것이 있고, 힘들어도 해야 하는 것이 있다는 것을 지도해야 한다. 그 끝은 달콤하기도 하고 쓸 수도 있지만, 과정은 대단했다고 본인을 칭찬할 줄 아는 사람이 되면 된다.

# 4장

## 단단한 아이로 자라게 하는 운동 습관

# 01

## 운동은
## 습관이다

난 아직도 2020년 7월 1일이 머릿속에서 떠나지 않는다. 이날은 내가 다시 태어난 날이다. 나의 삶은 두 개의 사건으로 나뉜다. 2020년 7월 1일 전의 나는 게임 중독과 복부 비만으로 두피 탈모까지 왔던 삶이었다. 다리는 마르고 복부는 비만으로 변해 있었다. 코로나로 인해 운동까지 못 하게 되었고, 집에서 게임만 했다.

'짜장면을 먹을까? 짬뽕을 먹을까?' 고민하던 내가 두 가지를 다 시켜서 밥까지 말아서 먹고 있었던 것이 아직도 생생하게 기억난다. 6개월가량 학교와 집만을 오가며 게임만 했다. 엄청난 폭식으로 15kg이 온전히 배로 집중되었다. 그러다가 6월 30일 샤워를 하다가 거울 속에 비친 내 모습에 충격을 받았다. 배 때문에 발가락이 안 보였다. 씻고 바로 다이어트 종류를 찾아보았다. 내 눈에 딱 들어온 것은 달걀 다이어트였다.

7월 1일, 헬스장과 달걀 다이어트 시작으로 아내가 알려준 66일 습관 달력을 이용했다. 매번 식이요법으로만 하다가 요요현상으로 힘들어하던 시기였다. 이번에는 헬스장까지 등록했다. 그러나 항상 시작하면 위기가 바로 찾아온다. 7월 3일부터 2박 3일 가족 여행을 가게 된 것이다.

이번이 마지막이라는 마음으로 3일간 달걀만 먹었다. 온갖 유혹에도 달걀만 먹었다. 가족들은 내게 독하다고 했다. 그러다가 중요한 건 달걀이 아니라는 사실을 차츰 깨닫게 되었다. 운동을 병행해야 효과가 있었다. 헬스장에서 매일 2시간 정도 근력 운동과 유산소 운동을 했다. 2주가 지나면서 피부와 두피가 좋아지기 시작했다. 하지만 배는 여전히 임산부 같았다.

나에게 가장 큰 적은 역시 아내였다. 아내는 고기를 너무 좋아해서 일주일에 2~3일은 고기를 먹었다. 내가 구워준 고기가 "세상에서 제일 맛있다"며 달걀만 먹는 내 앞에서 고기를 맛있게 먹는 아내가 얄미워 보이기까지 했다. 그렇게 두 달이 지나면서 서서히 변화가 왔다.

제일 좋아진 건 체력이었다. 매일 피곤해서 8시면 잠이 쏟아졌던 내가 밤 11시가 되어도 피곤하지 않았다. 그리고 2020년 12월 31일에 보디 프로필까지 찍어야겠다는 다짐을 했다. 그렇게 내 의지와 체력은 올라갔다. 제일 많이 변화된 것은 자신감이다. 달걀 다이어트만 했다면 난 다시 요요가 와서 예전의 삶으로 돌아갔을지도 모른다. 하지만 운동까지 겸하자 효과가 좋았다. 자신감이 없던 내가 자신감이 생기자 자존감도 같이 올라갔다.

5년 전, 드디어 처음으로 주축 학교로 전국소년체전에 나가게 되었다. 매년 4월 소년체전 선발전을 하는데, 두 개의 학교에서 여덟 명의 학생 중 과반수인 네 명 이상이 선발되면 자동으로 주축 학교가 된다. 주축 학교로 선정되면 약 3주 정도의 훈련을 할 수 있게 위탁 교육을 신청해 모든 선수들이 모여 운동할 수 있다. 4월 말 산 밑의 펜션에 방을 잡고 합숙 훈련을 시작했다.

그때 우리 아이들의 신체 조건은 초등학생보다는 중학생에 가까운 신체 조건이었다. 그중 한 명은 약간 통통했는데 힘이 굉장히 좋았다. 여기에 살을 조금만 더 빼면 완벽했다. 우리는 매일 아침 6시에 기상해 오서산을 뛰었다. 상당한 높이의 산은 우리의 체력을 높이기에 충분했다. 2주 정도 꾸준히 산을 뛰었는데 그사이 통통한 아이는 어느새 단단한 아이로 성장해 있었다. 3주 차 산을 갈 때는 앞에 아이들이 안 보일 정도였다.

그렇게 열심히 준비한 우리는 아쉽게 8강에서 탈락했지만, 그 과정에서 누구보다 최선을 다했다. 꾸준한 아침 훈련과 야간 훈련으로 몸은 건강한 신체로 바뀌었다. 훈련을 하는 사이 살까지 빠진 그 학생은 인기가 높아져 배구부의 여학생 아이들이 찾아와 운동하는 모습을 구경하곤 했다.

초등학생 네 명 중 한 명이 비만이거나 과체중이라고 한다. 70%가 성인 비만으로 이어질 수 있다는 것은 그냥 간과해서는 안 되는 일이다. 우리 주위를 둘러보면 아이들의 건강 상태가 너무 심각하다는 생각이 많이 든다.

더 심각한 문제는 이런 상황에서도 운동은 안 하고 학교 교실에 계속 앉아만 있다는 데 있다. 수업이 끝나면 또 학원 의자에 몇 시간씩 앉아 있다. 활동하는 양은 줄어들고 먹는 것은 그대로인 아이들은 자기의 잘못으로 비만이 되는 것일까? 아닐 것이다. 온전히 아이의 탓이라고 말하기에는 부족하다.

운동 습관은 횟수가 중요하다. 일주일에 하루 나와서 운동하는 것은 습관으로 자리 잡기가 매우 어렵다. 우리는 신입생 단계에서 3주 이상으로 출석했을 때 운동부로 등록한다. 3주 이상을 매일 꾸준히 해야 습관이 형성된다. 아침에 등교할 때 한 번, 오후에 학원에 가기 전에 잠시라도 들러서 한 번 하고 가라고 한다. 그래야 운동 습관이 자리 잡고 소속감이 들 수 있다.

점심시간, 대부분의 아이들은 밥을 먹고 친구들과 교실이나 운동장에서 논다. 난 친구들을 데리고 와서 공을 치라고 한다. 짧은 시간에도 운동화를 신고 코트에 와서 공을 치게 한다. 훈련 시간 외의 시간은 재미있게 놀면서 할 수 있는 시간이라 아이들이 오히려 좋아한다. 그때 나온 아이들은 그냥 보내지 않고 음료수나 간식 하나를 먹여 보낸다. 그러면 다음 날에도 또 나와서 재미있게 치고 간다. 운동 습관에는 지속할 수 있게 하는 매력이나 보상이 따라야 한다. 그냥 단순히 운동만 하는 것은 지속성이 떨어질 가능성이 크다.

어느 날 부모님이 자신의 아이를 운동시키고 싶다고 연락이 왔다. 신체 조건을 보았는데, 골격이 크고 통통한 몸매였다. 순발력과 근력, 심폐지구력 테스트도 해보았다. 근력에는 문제가 없었는데, 순발력과 심폐지구력이 아주 낮은 단계였다. 아침에 운동을 8시 10분에 시작한다고 설명해드리고 그다음 날 아침이 되었다. 8시 10분이 되었는데 오지 않아서 전화했다. 30분이 되어서야 도착한다고 하셨다. 그 아이는 앞으로도 지각을 할 것 같다는 생각이 들었다. 아니나 다를까, 그 후 일주일 내내 지각을 했다. 일주일이 지난 후에도 지각을 계속하는 모습을 보여 상담을 했다. 왜 지각하는지 아침 스케줄을 말해보라고 했다. 7시 40분에 일어나서 밥을 먹고 반드시 화장실에 가는 습관이 있다고 했다. 매번 준비는 다 해도 화장실 때문에 지각을 한다고 했다.

자는 시간은 10시라고 하기에 자는 시간을 조정하지 않고 일어나는 시간을 7시로 하라고 했다. 그리고 8시 10분에 도착하면 간식을 주었고, 지각하면 스쿼트 50개를 하게 했다. 일주일 동안 네 번은 성공하고 두 번 정도는 지각했다. 성공했을 때 나는 격려와 칭찬을 아낌없이 해주었다. 3주 정도 지나자 8시 전에 와서 공을 랠리 하고 있었다. 그 후 보상이 없어도 습관이 잡혀 부모님의 감사 전화까지 받았다.

누구나 습관은 있다. 자기도 모르게 좋은 습관을 들일 수도, 나쁜 습관을 들일 수도 있다. 좋은 습관과 나쁜 습관을 구분하는 방법은 앞으로 이 행동을 계속했을 때 나에게 어떤 결과를 가져올 것인지 생각해보면 된다.

예를 들어 밥을 먹고 눕는 행동은 편안함과 휴식을 주지만, 결과적으로 소화 기능에 문제가 발생할 수도 있다. 그리고 밥을 먹고 양치하는 행동은 귀찮은 행동이지만 치아를 깨끗이 하는 결과를 안겨준다. 밥을 먹고 간식을 먹는 행동에도 어떤 사람은 좋은 습관일 수 있지만, 어떤 사람에게는 나쁜 습관일 수 있다. 마른 체형이 살을 찌기 위해 밥을 먹고 간식을 먹는 습관은 좋은 쪽으로 생각할 수 있다. 하지만 비만인 사람이 밥을 먹고 간식을 먹는 행동은 고도비만으로 갈 수 있는 나쁜 습관일 것이다.

난 아이들이 운동으로 체력이 단단해지고, 교실에 들어가서는 지식이 단단해지는 그런 아이들이 되었으면 한다. 운동을 하겠다면서 종종 운동화를 신지 않고 학교를 오는 아이들이 있다. 그것은 운동을 하려는 것이 아니라 안 하겠다는 뜻이다. 운동하고 싶다면 먼저 아침에 운동화부터 신는 습관을 들여야 한다. 그런 다음, 운동장으로 나오면 된다. 처음부터 운동을 잘하겠다는 것보다는 우선 운동장에 나가자. 그것으로 운동이 시작되는 것이다.

얼마나 많은 아이들이 교실 의자에서 병들어가고 있는가. 의자는 내 다리를 튼튼하게 해주지 않는다. 숨차게 뛰고 에너지를 발산해야 비로소 내 몸 곳곳에 있는 혈관과 근육들이 움직인다. 앉아서 하는 숨쉬기 운동은 그만해야 한다. 운동화를 신고 밖에 나가는 것으로 습관이 시작된다.

# 아주 작은 보상부터
# 하라

벌써 지도자 생활을 한 지도 11년이 지났다. 그런데 되돌아보면, 한숨부터 나오는 이유는 무엇일까? 나에게는 너무 인색했고, 남에게도 베푸는 삶보다는 도움을 받은 기억만 가득하다. 이제는 하루하루 의미 있고 보람된 삶을 살고 싶다. 그러기 위해 내가 가장 잘할 수 있는 것이 무엇인지 찾아야 했다. 가장 잘하는 것은 운동을 지도하거나 운동을 하는 것이다.

아이들에게 운동에 대한 올바른 지도를 하기 위해서는 우선 나부터 지도자로서 자부심이 있어야 한다. 이 직업이 왜 좋은 것인지, 왜 하고 있는지 이유를 알지 못하면 성장하지 못한다. 그러기 위해서 나의 직업이 가치가 있다는 것을 나 자신이 확신할 수 있게 해야 했다.

그 첫 번째가 책을 쓰는 것이다. 우리 지도자들의 장점을 많은 사람들에게 알려야 했다. 그러기 위해서는 먼저 나를 가치 있는 사람으로 만들어야 했다. 나의 지도력은 아직 부족함이 많지만, 부족함은 채우려는 의지만 있으면 된다고 생각했다. 아무것도 모르는 나는 스스로의 부족함을 인정하고 책을 쓰기 위해 책의 고수 분을 찾아 나섰다. 그 첫 번째 사람이 김도사 님이다.

나의 스승이자 멘토인 김태광 대표 코치님은 대한민국 최고의 책 쓰기 코치다. 25년 동안 저서 250권을 내고, 10년 동안 1,100명의 작가를 배출했다. 책 쓰기에서는 가히 우주 최고라고 해도 손색이 없다. '김도사'라는 필명으로 출간한 《김 대리는 어떻게 1개월 만에 작가가 됐을까》를 읽었다. 자신의 의식이 깨어 있는 상태를 만드는 것이 중요했다. 의식 확장을 위해 나는 서울로 달려갔다. 그렇게 김태광 대표 코치님을 뵙고 의식이 크게 변화했다. 매일 글을 쓰고 코치님의 의식에 관한 책을 읽었다. 그리고 유튜브 '김도사TV'를 보며 매일 의식을 확장해나갔다. 이런 의식 변화는 내 자신감을 올리는 계기가 되었다.

나는 공부가 더 하고 싶어졌다. 아이들의 성격 발달 과정을 공부하기로 했다. 아이들의 운동을 지도하면 시간이 정말 잘 갔다. 하지만 상당한 에너지를 아이들에게 뺏기는 것이기도 했다. 그 에너지를 충전하기 위해 나는 책을 읽고, 나아가 책을 쓰게 되었다. 시간이 나면 무조건 작은 단골 카페에 가서 책을 썼다. 에너지를 어디에 두고, 어떤 식으로 사용하는지, 그리고 삶의 가치를 어디에 두고 살아가는지 인식하는 것은 굉장히 중요한 부분이다.

신입생 아이들 중 운동 시간마다 나의 에너지를 굉장히 많이 소비하게 하는 한 아이가 있었다. 운동 시간에 장난이 너무 심해 훈련 시간을 줄였다. 면담까지 해보았는데도 좋아지지 않았다. 인성교육을 듣는 중, 아이의 단점보다 장점을 보라고 했던 내용이 생각났다. 운동 시작하기 전에 먼저 생각을 하고 아이의 이름을 적은 후, 장점을 적기 시작했다.

운동 시작과 동시에 아이의 장난도 시작되었지만 한 가지 장점이 보였다. 무거운 물건을 옮겨야 했는데 아이는 제일 먼저 나서서 들었다. 다른 아이들에게도 도움을 주면서 짐을 옮겼다. 짐을 다 옮기고 아이들을 불러 모았다. 그 아이를 앞으로 나오게 한 뒤과정을 말하며 칭찬했다. 아이는 쑥스러운 듯 머리를 긁더니 자리에 들어갔다. 그리고 경기를 하는 중에 굉장히 밝아진 태도로 긍정적인 말과 진지한 태도를 보였다. 게임이 끝나고 아이를 다시불러 "너의 게임에 임하는 진지한 모습과 긍정적인 말은 정말 대단한 거 같아"라고 말했다.

우리는 큰 보상을 해야 큰 변화가 있을 거라는 기대를 한다. 하지만 작고 사소한 말 한마디가 쌓여 변화를 일으킨다. 첫날은 그아이의 태도와 장점을 보는 것부터 시작되었다. 흔히 주위 사람들을 보면 단점을 보는 경우가 많다. 특히 싫어하는 사람이라고 인식하면 그 사람이 어떤 행동을 하더라도 좋게 보이지 않는다. 남을 평가하며 살아가는 사람이 세상에는 굉장히 많다. 부족한 나지만 자기 자신을 사랑해야 남을 사랑할 줄 알게 된다. 누구나 부족함을 가지고 살아간다. 타인의 부족한 부분이 아니라, 장점을 보는 습관을 들이며 나부터 조금씩 변화하자.

우리는 쉼터에 저금하는 공간을 만들었다. 하루에 100원 이상 저금하는 것을 룰로 삼았다. 아이들이 아침에 오자마자 처음 하는 행동 중의 하나가 되었다. 그렇게 하루하루가 모여 일주일이 지나자 아이들 사이에 경쟁이 붙었다. 동전이 더 많은 것을 보고 100원이 아니라 200원 하는 친구들도 생겼고, 두 달이 지난 뒤 생각보다 많은 돈이 모였다. 그리고 그 모은 돈을 가지고 가치 있는 일에 써보라고 했다. 그렇게 인터넷 서점을 통해 책을 구입했다.

처음에는 적은 돈이었지만 아이들도 생각보다 많이 모인 금액을 보고 놀랐다. 운동부 아이들이 하기 전, 집에 있는 딸이 먼저 시작했는데 세 달 동안 100만 원 가깝게 모았다. 우리는 적은 금액이라고 생각하지만, 하루하루 쌓이다 보면 어느 날 눈덩이처럼 불어나 나에게 뜻밖의 선물을 주는 경우가 많다.

아이들은 힘든 것을 하기 싫어한다. 체력 훈련을 하는 날이면 시작 전부터 울상이 된다. 기초 체력과 심폐지구력을 올려야 하는 것은 알지만, 그만큼 에너지를 많이 소진해야 하기에 힘들어한다. 그래서 일주일에 하루 정도만 가장 강한 체력 훈련을 시행한다.

주중 수요일에 짧고 굵게 1시간 30분 정도 강한 페이스로 운동을 시킨다. 보통은 60% 정도 한다고 하면, 수요일 같은 경우는 80%에서 90%까지 체력을 소진시킨다.

사이드 스텝, 버피테스트, 인터벌, 스쿼트, 팔굽혀펴기, 순발력 훈련 등 3세트 정도로 하면 아이들의 에너지는 금방 소진된다. 한 아이에게 훈련 끝난 후의 소감을 묻자 "하체가 없는 기분이에요"라며 힘든 것을 표현하기도 했다. 훈련이 끝나면 아이들은 모두 금방이라도 쓰러질 것 같은 얼굴을 한다. 그래서 아이들의 기분 전환을 위해 평상시보다 업그레이드된 간식을 준다. 아이들이 좋아하는 피자나 통닭을 시켜놓은 뒤 훈련이 종료된 후 먹인다. 그러면 아이들 얼굴에 미소가 번진다.

훈련이 끝나면 아이들에게 오늘 있었던 소감을 앞으로 나와 말하게 한다. 발표 후 아이들은 모두의 박수를 받으며 자리에 돌아온다. 내가 마지막으로 아이들에게 말해준다. "과정 속에서 너희들이 최선을 다하는 모습은 선생님이 보는 모습 중에 최고야." 그리고 스스로 한계를 뛰어넘으려는 의지가 대단하다고 칭찬한다.

아이들은 간식을 먹고 집으로 가는 것이 아니라, 다시 운동을 시작한다. 아이들의 체력은 뭐라고 표현할 수 없을 만큼 강하다. 운동하는 것처럼 보이지만 재미있게 노는 느낌이 더 들기는 하다. 아이들이 힘든 상황 속에서도 다시 운동하는 에너지가 생기는 것은 그만큼 운동이 재미있다는 것이다. 내가 하는 소프트테니스만 재미있는 것이 아니라 모든 운동이 재미가 있고 보람도 있다. 모든 운동은 자기가 한 노력과 작은 보상으로도 재미있게 할 수 있다. 보상을 바라고 하는 운동은 아니지만, 아이들이 운동을 싫어한다면 작은 보상을 이용해 운동의 재미를 알게 하면 좋겠다.

아이들은 운동으로 많은 관계를 만들어간다. 서로 의지해가며 즐거움을 공유하고 힘든 것도 같이하는 것이다. 운동을 통해 많은 것을 배울 수 있는데, 그중 사회성도 포함된다. 운동은 서로 배려하는 자세와 협동력, 집중력, 인내심, 도덕성, 인성까지 배우는 종합 선물 세트다. 이것은 교실에서도 학원에서도 배울 수 없으며, 집에서조차 배우기 어렵다. 그리고 운동을 하면 폭력성과 성조숙증까지 예방한다는 연구까지 나왔다.

운동은 예방주사와도 같다. 건강의 문제는 운동 부족으로 오는 경우가 많다. 식습관의 문제도 포함되지만 모든 것을 예방하는 차원에서 운동을 하는 것이 좋다.

우리 아이들이 어려운 일이 아닌, 작은 일도 해결해나가는 과정 중에 칭찬을 통해 성취감을 맛본다면 점점 큰일을 해낼 수 있는 에너지가 생긴다. 아주 작은 것이 모여 우리의 삶이 변화한다. 아주 작은 일에는 작은 에너지가 소모되지만, 그 작은 일도 못 하면 큰일은 어떻게 해내겠는가? 결과보다는 과정에 집중하고, 과정을 잘했다면 작은 보상을 통해 또다시 할 힘을 만들어야 한다.

우리 아이들의 장점을 찾아보면 잘하는 것이 많이 보인다. 그 작은 일에 말 한마디라도 격려와 칭찬을 하면 할 수 있는 작은 일이 많아져 어느새 큰일도 할 수 있게 된다. 우리는 아이들에게 많은 것을 바라지 말고 있는 그대로를 사랑해야 한다. 오늘도 건강한 아이들에게 감사하고 아이의 존재 자체가 대단하다는 것을 명심해야 한다.

그 작은 생각들이 보여 위대한 아이로 자라게 할 것이다. 처음부터 위대한 아이는 없다. 위대한 아이라고 생각하면 위대한 아이가 되는 것이다.

# 03

## 아침 1시간,
## 운동 습관을 길러라

초등학생들의 운동을 지도하면서 느낀 것은 소속된 모든 인원이 다 모여서 운동을 해본 적이 별로 없다는 것이다. 다른 운동부 역시 대부분이 나와 같은 고민을 할 것이다. 학교에 있는 운동부는 돈을 지불하지 않는다. 그래서 다들 돈을 내야 하는 학원을 우선순위로 하는 것이다. 그러다 보니 운동 아닌 학원을 먼저 간다. 운동하는 인원이 많다고 해도 실제 오후에 남아 있는 아이들은 인원의 반 정도밖에 안 된다. 한참 진행하다가 중간에 합류하는 아이들에게 다시 설명해야 하는 부분도 문제가 된다.

그래서 아침 8시부터 8시 40분까지 운동을 실시하기로 했다. 아침 훈련을 하면 아이들은 학교 등교를 위해 조금만 일찍 나오면 운동에 참여할 수 있다. 하지만 매번 늦게 나오는 아이들에게

10~20분 정도 빨리 등교한다는 것은 쉬운 일은 아니었다. 처음에는 불만도 많았고, 지각하는 아이들도 굉장히 많았다. 그래서 강요보다는 재미를 더하면 스스로 빨리 올 수 있지 않을까 생각했다. 실력을 떠나서 아침 운동이 즐겁게 만들기 위해 노력했다.

오는 순서대로 줄을 서야 경기에 입장이 가능한 게임을 만들었다. 소프트테니스코트 하나와 벽치기로 구분되어 있는 반 코트 같은 작은 코트가 있다. 이 두 개를 이용해 최대 여덟 명이 들어갈 수 있다. 오는 순서대로 줄을 서야 들어갈 수 있기 때문에 늦게 오면 줄을 한참 기다려야 했다. 앞의 코트는 고학년과 실력이 중급 이상인 아이들만 들어갈 수 있게 했고, 뒤쪽 코트는 신입생이나 초보자용으로 구분했다. 규칙과 방법을 정하자 대기하는 아이들은 자연스럽게 주위에 운동할 수 있는 기구를 갖다 놓았다.

이틀 정도 지나자 한 학부모님이 급하게 달려오셨다. 신입생 어머님이었는데 아이가 늦잠을 자서 참여를 못 해 다시는 운동을 못 하는 줄 알고 울고 있다고 했다. 일단 안심시켜드린 후, 다시 할 수 있다고 전해드렸다. 아이의 어머님은 아이를 달래서 보냈다. 이 룰은 모든 아이들이 같은 시간에 시작해 함께 운동을 하고, 다 같이 끝내는 것이 목적이었다. 생각보다 효과는 매우 강하고 컸다.

요즘 아이들은 아침에 학교를 등교하는 자체부터가 전쟁인 경우가 많다. 학교에 빨리 가더라도 교실에서 친구와 이야기하거나 시간을 허비하는 아이들이 많다. 하지만 그 시간에 꾸준히 운동을 하는 것을 추천한다. 습관은 양날의 칼과 같아서 상황에 따라 좋은 습관이 될 수도, 나쁜 습관이 될 수도 있다. 하지만 아침의 운동은 나를 바꾸는 좋은 습관으로 자리 잡을 수 있다.

일단 첫 번째는 아침에 운동을 하려면 일찍 일어나야 한다. 이 작은 노력은 생각보다 많은 변화를 일으킨다. 1을 바꾸려고 했지만 3이 바뀌는 행동으로 이어진다. 8시에 늦지 않게 등교하려면 7시에 일어나야 한다. 7시에 일어나려고 한다면 그 전날에 자는 시간도 조절해야 한다. 그럼 부모의 잔소리도 줄어든다. 아침마다 일어나라고 해도 안 일어나는 아이들이 있다. 이런 일로 아침 전쟁을 치르는 부모들도 많다.

겨울방학 동안의 추운 날씨에 아이들은 보통 더 자고 싶어 한다. 우리 운동하는 아이들도 예외는 아니었다. 오전 9시부터 운동을 시작하는데 방학인지라 운동보다는 잠을 더 자고 싶어 해 오전 훈련보다는 오후에 운동을 참여하겠다고 문자가 연이어 왔다. 어머니의 불만도 많아졌고, 아이가 스스로 하는 일이 없고, 특히 아침에 깨우는 것이 너무 힘들다고 했다.

일단은 어머니에게 아이가 재미를 느끼기 전까지 오후에 참여하라고 전달했다. 그리고 첫 대회가 열렸지만 연습과 경험 부족으로 패하게 되었다. 대회를 마치고 소감을 묻는 시간에 그 아이는 이렇게 답했다. "경기는 패배해서 아쉽지만 대회는 재미있었어요. 학교 가서 열심히 연습해서 다음에는 이기고 싶어요"라고 말했다.

그다음 날부터 아이의 변화가 시작되었다. 아침에 누구보다 빠르게 등교해 운동을 했다. 나는 아이를 보며 깜짝 놀라 "왜 이렇게 빨리 왔어?"라고 물으며 칭찬을 했다. 그 후 아이는 아침에 누구보다 빨리 와서 연습을 했고, 체력도 늘어서 기량이 한껏 올라갔다.

우리는 목표를 크게 잡고 크게 성공하기를 바란다. 하지만 성공한 사람들은 큰 변화로 시작한 것이 아니다. 그들은 대부분 작은 변화부터 시작했다. 2001년 영국에서 248명을 대상으로 2주 동안 운동 습관을 들이는 실험이 진행되었다. 피험자들은 세 집단으로 나뉘었는데, 첫 번째 집단은 통제 집단으로, 단순히 얼마나 자주 운동을 하는지에 대한 추적 조사를 했다. 두 번째 집단은 동기부여 집단으로, 이들이 운동하는 것을 추적할 뿐만 아니라 운동의 장점에 대한 몇 가지 자료를 읽게 했다. 그리고 운동이 얼마나 우리 몸에 좋은 것인지 프레젠테이션을 받았다.

그리고 마지막 세 번째 집단은 두 번째 집단과 같은 프레젠테이션을 받았다. 이 집단은 두 번째 집단보다 한 단계 더 나아가 언제, 어디서, 어떤 행동을 할 것인지 구체적으로 계획을 하게 했다. 특히 이들은 '다음 주에 나는 X월 X일 X시에 X에서 최소 20분 동안 격한 운동을 할 거야'라는 문장으로 구체적으로 계획을 만들어 계획표를 써야 했다.

첫 번째와 두 번째 집단은 35~38%의 사람들이 최소 주 1회 운동을 했다. 하지만 세 번째 집단은 91%의 사람들이 최소 주 1회 운동을 했는데, 이는 평균 수치의 두 배 이상이다.

대회를 마치고 오면서 감독 선생님과 대화해보니 아이들에게 실력보다는 기초 체력이 없다는 생각이 일치했다. 그래서 5주 프로그램으로 기초 체력 강화훈련에 돌입했다. 아이들에게 5주 뒤 새 라켓이라는 선물도 함께 동기부여를 했다.

감독 선생님은 고등학교 때까지 근대5종을 운동해서 기초 체력에 대해 전문가였다. 나는 신입생을 관리했고, 감독 선생님은 아침 8시에 아이들과 같이 운동장으로 나가 기초 체력을 다졌다. 처음에는 모두 너무 힘들어하며 다음 날 나오지 않을 것 같은 얼굴이었다. 하지만 1~2주가 지나자 아이들의 말이 달라지기 시작했다. 아침 운동을 끝나고 와서 나에게 "저 오늘 2초나 빨리 들어왔어요. 저번 주보다 체력이 올라갔나 봐요"라고 말했다.

그런 아이들이 대견해 보였다. 반면 신입생에게는 힘든 운동보다는 재미와 매력을 더한 경기를 하게 했다. 먼저 순서를 정해 네 명이 먼저 코트에 들어가고 1번부터 4번까지 순위를 정한 뒤, 한 계단씩 올라가는 게임이다. 5번부터 대기자이며, 4번이 탈락한 경우 5번이 들어간다. 4번은 대기순 맨 마지막으로 대기한다. 누가 높은 순위를 오래 유지하느냐 하는 게임이다.

부모는 자녀가 공부도 해야 하고, 운동도 해야 한다고 생각은 하지만, 행동은 하지 않는다. 행동하지 않으면 아무런 변화가 없다. 우리는 해야 하는 것은 누구나 다 알고 있다. 건강한 음식을 먹어야 하는 것도, 운동을 통해 건강한 생활 패턴을 만들어야 하는 것도 안다. 많은 부모들이 나에게 "우리 아이 운동 잘하나요? 실력이 어떤가요?"라고 물어본다.

처음 운동을 시작한 아이들의 실력은 대부분 비슷하다. 그것보다 더 중요한 것은 매일 아침에 꾸준히 운동에 참여하는 것이다. 꾸준함이 가장 중요하다. 일주일에 하루 운동을 한다면 과연 운동을 잘할 수 있을까? 아닐 것이다.

우리는 매일 아침 8시에 운동장이나 소프트테니스장이라는 장소에서 기초 체력 훈련과 놀이식 게임을 한다. 우리는 계획만 하는 것이 아니라 행동을 하고 있는 것이다. 생각만으로는 운동할 수 없다. 행동을 통해 실수도 하고 성공도 한다. 행동으로 인한 작은 변화가 큰 변화의 밑거름이 된다. 운동을 하면서 몸으로 익혀 가는 것이 더 중요하다.

운동을 안 한 것보다 팔굽혀펴기 한 번이라도 한 게 낫다. 운동을 안 한 것보다 10분이라도 걷는 것이 낫다. 우리는 선택을 해야 한다. 시작이 반이라고 했다. 아침의 1시간은 우리에게 큰 변화를 가져온다.

아침 1시간의 운동은 아이들에게 좋은 습관과 좋은 인성을 만들어줄 것이다. 그리고 난 그 꿈의 중심에 서 있다.

## 04

# 운동 시작 전후
# 정리하는 습관을 가지게 하라

우리는 매년 시합에 나가기 전, 단체 유니폼을 맞춰준다. 긴 운동복부터 반바지와 반팔까지 유명한 스포츠 매장에서 사서 입힌다. 대회 장소에 갔을 경우 다른 팀의 유니폼과 비교했을 때 우리 아이들이 예쁜 것이 자랑스러웠다. 하지만 예뻐 보이는 것은 아주 잠시다. 대회에서 입었던 유니폼을 아이들은 평상시에도 자주 입는다. 우리는 보통 유니폼을 하얀색이나 밝은색으로 맞추는데, 아이들이 옷을 관리하는 것을 보면 충격적이었다. 그중에 유독 심한 아이는 바지를 손으로 벗는 것이 아니라 흙바닥에 발로 비벼서 벗는다.

이런 옷은 금방 물이 들어 엉망이 되는 경우가 많다. 비단 유니폼뿐만이 아니었다. 이런 아이들이 가지고 온 물건과 가방 등이 운동장에 버린 것처럼 나뒹굴고 있다. 소중하게 다루어야 할 단체복도 엉망일뿐더러 주변 정리와 정돈이 전혀 되질 않았다. 이러한 행동들은 선수를 지도하는 입장에서 고쳐줘야 할 것 같았다.

그 뒤부터 아이들을 유심히 관찰했다. 그러다 보니 아이들의 패턴을 읽을 수가 있었다. 처음에 들어오는 아이가 옷을 어떻게 놓느냐에 따라 나머지 아이들의 행동이 결정되었다. 우선 운동 시작 전, 운동을 할 수 있는 환경을 만들기로 했다. 운동이 중요한 것이 아니었다. 우리가 가장 먼저 해야 하는 것은 물건의 위치를 정하는 것이었다. 옷을 보관하는 위치와 가방을 보관하는 위치를 정했다.

그리고 운동기구를 보관할 수 있는 보관함을 만들어 위치를 정했다. 각자의 위치를 선정하고 깔끔히 청소까지 했다. 그리고 각 위치마다 이름표를 프린트해 붙였다. 청소보다 중요한 것은 각자의 물건에 위치를 배정하고 그 물건이 어디에 있는지 한번에 아는 것이다. 정리와 청소를 3시간 정도 하고 아이들을 불러 모았다. 처음의 환경과 지금의 환경을 비교해보라고 이야기했다. 발로 바지를 벗던 아이는 "운동을 하고 싶어지는 분위기예요"라고 답했다.

1970년대 에너지 위기의 석유파동 기간에 네덜란드의 연구자들은 국가의 에너지 사용을 자세히 살펴보았다. 암스테르담 인근의 한 교외의 몇몇 주택 소유자들은 이웃에 비해 30%나 에너지를 덜 사용했다. 집의 면적과 전기 사용량당 요금은 비슷했는데, 한 가지 다른 것이 바로 전기 계량기의 위치였다. 어떤 집은 계량기가

지하 쪽에 있었고, 어떤 집은 현관 복도 쪽에 있었다. 쉽게 예측할 수 있듯이, 현관 복도에 계량기가 있는 집이 전기를 조금 사용했다. 에너지 사용량을 정확하게 파악할 수 있어서 더 절약했던 것이다.

습관은 모두 어떤 신호에 의해 시작된다. 우리는 시각적으로 주위를 보며 신호를 알아차린다. 처음 운동장에 들어섰던 아이의 옷과 가방이 정리가 안 되었다면 그다음 아이도 정리를 안 한다. 하지만 첫 번째 아이의 옷과 가방이 정리되어 있는 것을 시각적으로 알아차린다면, 두 번째 들어온 아이도 옷과 가방을 정리할 것이다.

우리는 어떤 신호에 의해 행동한다. 아이들에게 말은 잔소리와도 같다. 말은 행동으로 변화되기가 굉장히 어렵다. 그래서 나부터 운동장에 들어서면서 외친다. "가방 정리했고, 메모장 정리했고, 스마트폰 정리했고, 옷도 정리했다"라고 말한다. 그러면 아이들은 이상한 눈빛으로 보다가도 말을 따라 한다. 이런 습관은 매우 중요하다. 신입생들은 전혀 모르는 상황에서 시각적으로 자연스럽게 배운다. 어떤 환경은 자연스럽게 누군가에 의해 만들어지고 그렇게 전체가 변화한다.

한편 대회에 출전할 때마다 아이들의 심리적 불안감은 극에 달했다. 아이들마다 긴장하는 정도의 차이는 있었지만, 대부분의 아이들이 긴장을 많이 했다. 이 긴장은 패배에 대한 두려움이다. 시합에 참여하면 손을 벌벌 떠는 아이가 있는가 하면, 들고 있는 라켓까지 떨리는 것이 보이는 아이들도 있다. 시합에서 긴장은 자기 실력 발휘를 50%도 발휘하지 못 하게 한다.

많은 지도자들이 아이들에게 늘 "연습 때만큼만 하면 돼"라고 말한다. 하지만 문제는 연습을 할 때 시합 분위기를 만들지 않는다는 데 있다. 연습 때처럼 하려면 연습을 할 때도 경기장의 환경을 그대로 가져와야 한다. 우리는 대회 때처럼 그대로 상황을 만들기 위해 노력했다.

첫 번째는 경기장에 아무도 출입을 못 하게 한다. 실제 경기하는 사람 말고는 대기실이나 경기장 밖에서 대기한다. 두 번째는 테니스의 경기를 보면 한 세트가 끝나면 휴식 시간이 있어 간단하게 에너지를 보충하는 시간을 준다. 우리도 똑같이 물과 의자를 만들어놓고 시합장과 같은 위치에 배치한다. 세 번째는 응원할 수 있는 공간을 만들어 관람과 응원을 할 수 있게 한다. 하지만 장난을 하거나 방해를 하는 행위는 즉각 퇴장 조치한다.

우리는 시합에 가기 전 자체 선발전을 한다. 항상 이런 환경을 미리 만들어 시합 분위기를 조성한다. 실제 선발전을 하면 시합장처럼 극도의 긴장감을 경험한다. 반복적인 자극을 통해 긴장감에 익숙하게 만드는 것이다. '시합을 연습처럼, 연습을 시합처럼' 말만 하는 것이 아니라 실제로 그런 환경을 만들어줘야 한다. 시합을 들어가기 전 몸 푸는 방법부터 대기할 경우, 멘탈을 어떻게 극복할지 연습한다.

아이들도 어른들도 경기의 승패를 좌우하는 것은 '자신과의 싸움에서 이기느냐 지느냐' 하는 것이다. 자신과의 싸움에서 이겼다고 하면 패배를 하더라도 인정한다. 하지만 많은 아이들이 자기 자신의 멘탈에 지는 경우가 많다. 실력이 부족해 패배하는 경우는 연습을 하면 극복할 수 있지만 멘탈의 경우는 이야기가 다르다. 지도자의 대부분이 실력 향상에만 집중하는 경우가 많다. 하지만 실력은 비슷하더라도 자존감과 자신감을 연습해야 하는 경우도 많다.

나는 어느 날부터 학교에서 제일 늦게 퇴근하는 사람이 되었다. 운동이 끝나면 정리와 청소를 확인하느라 제일 늦게 집에 간다. 운동이 끝나고 10분 정도 지나면 전화기가 울린다. "여보세요. 선생님. 저 혹시 운동장에 제 옷 없나요?" 아니면 "스마트폰을 놓고 왔는데 보관 좀 해주세요" 등과 같은 전화는 이제는 아무렇지 않게 받는다.

요즘에는 코로나로 인해 학교에 물을 못 마시게 되어 500ml 물병을 사서 비치해놓는데, 먹다가 남기고 간 물병이 가득하다. 그리고 운동 중간에 간식을 먹는데, 먹고 난 후 쓰레기를 꼭 안 보이는 곳에 버린다. 차라리 보이는 곳에 버리면 줍기라도 편할 텐데, 보이지 않는 곳에 버려 나중에 하나하나 줍기가 힘들다.

고등학교 시절, 일본 교류전에 참가하게 된 적이 있었다. 그 당시 굉장히 충격을 받은 일이 있었다. 경기를 마친 후 자진해서 아이들이 주변을 정리하는 것이었다. 음료수병 등 주위를 청소하고 나오는 아이들의 모습은 마치 자원봉사단처럼 보였다. 우리나라는 어떤가? 스포츠 경기가 끝나면 쓰레기 더미가 가득 쌓여 쓰레기 산을 방불케 한다.

우리 아이들도 배울 것은 배워야 한다고 생각했다. 그래서 규칙을 정하고, 각자에게 책임감을 부여했다. 아이들 개개인에게 숫자를 부여해 유성매직으로 물병 뚜껑에 본인의 숫자를 적기로 했다. 그리고 운동을 마치면 세 개 팀으로 나누어 정리구역을 정했다. 일주일 중 토요일은 운동장 대청소와 물건들을 점검하는 시간을 가졌다.

세 개 팀은 2주에 한 번씩 순서 배치를 바꾸었다. 물병과 주위 청소가 안 되었을 경우, 경고 한 장을 받는다. 경고 두 장을 받으면 벌칙으로 다음 날 간식이 없도록 했다. 그리고 청소가 다 끝나고 귀가하기 전에 반드시 "스마트폰 챙겼고, 가방 챙겼고, 옷도 챙겼고, 메모장 챙겼다" 이렇게 말하고 문밖으로 나간다.

아이가 어른처럼 행동하기는 쉽지 않다. 어떤 환경을 만들어주느냐에 따라 아이들은 성장하기도 하고 후퇴하기도 한다. 내가 세 번 정도 읽은 제임스 클리어(James Clear)의 《아주 작은 습관의 힘》은 나에게 많은 변화를 가져왔다. 사소한 습관은 지금의 나를 성장하게 하는 지지대가 되었다. 나는 매일 일어나면 긍정문장을 외친다. 그리고 지도하기 전 기도를 한다. 또한, 매일 30분 이상 헬스장에 가서 운동을 한다. 나는 매일 책과 글을 10분 이상씩 읽고 쓴다. 그리고 매일 아이들 훈련 영상을 찍는다.

　우리는 대단한 무엇인가를 하려고 하는 것보다 매일 작은 것 하나 시작하는 것부터 해야 한다. 매일 단 10분이라도 나에게 투자하라. 그러면 삶이 조금씩 바뀌기 시작할 것이다. 그렇게 어느 순간 달라진 나를 발견하게 될 것이다.

# 몸으로 하는 운동
## vs
# 머리로 하는 운동

지도자를 하면서 많이 들었던 이야기는 머리 나쁘고 학원에 안 다니는 아이를 선발하라는 것이었다. 나도 처음에는 그게 정답인 줄 알았다. 하지만 그 생각은 지도하면서 점점 달라졌다. 그러다 그 의심은 확신으로 바뀌었다. 학업에서 뒤떨어지거나 반에서 문제를 일으키는 아이들은 운동에서도 문제를 일으켰다. "안에서 새는 바가지 밖에서도 샌다"라는 말이 딱 맞아떨어졌다.

언젠가 반에서도 문제가 있고, 학업에서도 문제가 있던 아이를 지도한 적이 있다. 반에서 어떤 행동을 하는지 지켜보았는데, 다른 아이 발표 시간에 춤을 추는 등 이상한 행동을 했다. 수업시간에 집중을 못하고 굉장히 산만했다. 학원도 안 가는 그 학생을 잡고 상담을 했다. 규칙을 정하고 아이에게 해야 하는 것을 알려주고 지키게 했다.

하지만 며칠 못 가 그 아이의 담임 선생님에게 전화가 왔다. 아이가 반에서 하는 행동이 너무 심하다고 말하는 것이었다. 운동이라도 제대로 시켜야겠다는 생각에 조금 강도 높은 운동을 시켰다. 그런 만큼 실력도 상승할 줄 알았다. 그런데 이기는 게임을 하는 것이 아니라 혼자 계속 뛰는 것이 보였다. 그러다 보니 게임에서 항상 끌려가는 게임을 했다. 그리고 더 문제는 패배하면 자기의 잘못은 생각하지 않고 팀원의 잘못으로 떠넘겼다. 그 후 중학교에 진학했지만, 중학교 3학년 때 운동을 포기했다고 한다. 고등학교에서 운동 진학생으로 안 받아주었기 때문이었다.

그 아이를 바로잡지 못한 아쉬움에 한동안 가슴이 아팠다. 그 아이 자체의 잘못이 아니다. 내 지도의 부족함도 있었지만, 가장 큰 문제는 그 아이의 가정환경이었다. 그 당시 아이의 아버지는 늘 술에 취해 계셨고 어머니는 가출 상태였다, 아이는 할머니가 키우는 상황이었고, 그러다 보니 아이를 제대로 케어하지 못했다.

가정의 문제가 이 아이의 심리적 불안감을 키우게 된 상태였다. 집 앞에서 아버님을 우연히 보았다. 인사를 했지만 나를 알아차리지 못하고 비틀거렸다. 한 손에 든 봉지에는 막걸리 두 병이 있었다. 중심을 못 잡고 걷는 아이의 아버지보다 집에 있는 아이들이 더 걱정되었다.

내가 지도하는 모든 아이들이 잘되기를 바란다. 하지만 내가 할 수 있는 부분이 있고, 내가 할 수 없는 부분이 있다는 것을 깨닫게 되었다. 사실 그 당시 아이를 우리 집에 몇 달 정도를 데리고 있으면서 좋은 방향으로 잡아줄까 생각하기도 했다. 하지만 집에 아이가 태어난 지 몇 달 안 되어 그럴 상황이 되지 못했다. 그럼에도 불구하고 내가 할 수 있는 방법을 더 찾아봤어야 했다는 생각은 지금도 머릿속을 떠나지 않는다.

우리가 하는 소프트테니스는 체급으로 하는 경기가 아니다. 그러다 보니 초등학교 대회에 가보면 신체가 중학생처럼 큰 아이도 있다. 반대로 키가 초등학교 1학년처럼 작은 체구의 아이들도 있다. 5년 전만 해도 학년별 대회가 아니라 전체가 다 경기를 했다. 그러다 보니 3학년 학생과 6학년 학생이 경기하면 3학년은 아무것도 못 하고 나온다. 힘과 신체 조건의 차이가 너무 컸던 것이다.

우리 아이들은 3학년에 시작해 6학년이 되었는데 신체 조건이 4학년 정도 되었다. 대회에 나가면 4학년 아니면 5학년으로 보았다. 6학년이 네 명이었는데 한 명 빼고는 다 체구가 작았다. 그러다 보니 다른 팀과 경기하기 전, 무시당하는 경우가 많았다.

그래서 경기를 나가기 전 우리는 힘은 약하지만, 기술을 이용해보자고 했다. 작은 체구이지만 순발력과 기술이 좋았다. 상대방이 힘으로 하면 그 힘을 이용해 상대방을 뛰게 했다. 우리는 수비를 위해 왕복 오래달리기와 순발력 훈련과 손목 훈련을 중점적으로 했다.

모든 준비를 마치고 대회에 출전했다. 상대 학교는 신체 조건과 힘이 굉장히 좋아 보였다. 하지만 우리는 몸보다는 머리로 하는 연습을 통해 상대의 약점을 집요하게 파고들었다. 실수도 있었지만, 상대의 발을 이용해 쇼트(짧게 놓는 기술)라는 기술을 활용해 뛰게 했다. 그리고 로브(상대방 머리 위로 높이 드는 공)를 이용해 좌우를 공략했다. 상대의 약점을 잘 알았기에 미리 준비한 기술들을 마음껏 발휘했다. 그리고 그 노력은 승리로 보답받았다.

상대방의 신체 조건을 보고 미리 판단하는 사람이 많다. 하지만 실제로 경기를 하거나 대화해보면 실제로는 그렇지 않은 것을 알 수 있다. 종목마다 체급이 있는 경기와 그렇지 않은 경기가 있다. 경기마다 힘은 필요하지만, 힘과 기술을 합쳐야 비로소 좋은 기량을 발휘할 수 있다. 자동으로 좋은 자세가 잡히게 연습을 반복해서 몸으로 익혀야 한다. 생각하지도 않았는데 자동적으로 좋은 동작이 나오는 수준까지 연습해야 한다.

즉, 우리가 밥을 먹을 때 숟가락과 젓가락을 편하게 쓰는 행동과 마찬가지다. 그런 행동이 만들어지면 그때는 몸이 아닌 머리를 이용해 운동을 해야 한다. 기술은 몸의 힘을 주어야 할 때와 힘을 빼야 할 때를 알려준다. 그리고 그런 기술을 언제 써야 하는지 이해하면서 운동해야 한다. 이해를 못 하는 것은 꼭 질문해서 이해될 때까지 반복적으로 훈련해야 한다.

우리는 시합에 나가기 전 학교 운동부 자체 시스템을 도입했다.

교육부에서 진행하는 학업성취도 평가를 기반으로 우리 학교는 운동부 자체 세 개 부문 60점 미달인 학생은 대회 출전의 기회를 부여하지 않기로 했다.

첫 번째는 운동부에서 여섯 가지 규칙을 지켜 60점을 채워야 한다. 두 번째는 교실에서의 태도와 담임 선생님의 학업평가 및 단원평가 점수를 합쳐 60점 이상을 넘어야 한다. 마지막으로 자체 선발전을 통해 실력의 공정성을 주고자 리그전 경기를 한다. 한 가지라도 60점 미만인 아이는 대회 출전을 금지한다. 그리고 자체 선발전 점수와 세 가지 점수를 합쳐 총합이 높은 아이가 1위가 된다. 이런 것이 가능한 것은 감독 선생님과 담임 선생님의 도움이 있었기 때문이다.

운동만 잘해서 시합을 나가는 것이 아니라 공부와 운동과 인성이 갖추어진 아이들을 지도해야 한다. 운동만 하는 아이들이 아니라 어느 직업을 가지더라도 존중받고 인정받는 아이들로 성장하는 것이 나의 목표이자 비전이다.

운동으로만 사는 삶이 아니라 공부의 끈을 놓치지 않고 언제든지 하고 싶은 일을 하며 취미로 운동을 하는 아이들이 되길 바란다. 그리고 그렇게 되려면 항상 생각하는 운동을 해야 한다. 생각하지 않고 운동한다는 것은 시간만 버리는 행동이다.

옛날처럼 새벽부터 밤까지 운동만 하는 시대는 지났다. 짧은 시간에도 많은 것을 배워야 하고 집중해서 들어야 한다. 부족하면

복습하고 배우고자 하는 것은 자기가 찾아서 배워야 한다. 듣는 것에서 끝나면 그것은 자기 것이 아니다. 듣고 자신에 맞게 가공해 자기 것으로 만들어야 한다. '머리가 나쁘면 몸이 고생한다'라는 말이 있다. 나도 성격이 급한 나머지 빨리만 하려고 생각도 안 하고 행동하다가 몸이 고생한 적이 많다.

자기 전 승리하는 장면을 이미지 트레이닝 하고, 잘한 것을 메모해두어 복습해두면 좋다. 그리고 초등학교 시기에는 모든 것을 기초에 맞춰서 해야 한다. 기초가 부족하면 무엇을 하더라도 성장하기 어렵다. 실력을 향상시키는 가장 중요한 것은 받아들임이다. 즉, 자기 자신의 잘못을 인정하고 받아들일 수 있는 자세다. 대부분의 사람들이 스스로 어느 정도 잘하게 되면 부족함을 보지 못한다.

난 항상 운동을 시작하기 전에 "겸손하며 자기가 부족한 것을 인정하는 자세가 중요하다"고 말한다. 이것이 성장할 수 있는 키(key)다. 기량을 높이고 싶다면 자기가 무엇에 부족한지 인식하고 부족한 부분을 어떻게 채울 것인지를 연습한다.

초등학교에 다니면서 생각해서 행동하기보다 행동을 먼저 하고 생각하는 아이들이 많다. 특히 말을 할 때 생각하지 않고 말하는 아이들이 많다 보니 했던 말을 다시 하는 경우가 많다. 생각하지 않고 운동하면 나쁜 습관으로 자리 잡는다. 그래서 우리는 조금 느리더라도 행동을 먼저 하는 것이 아니라, 말로 표현을 한 다음, 행동을 하라고 지도해야 한다. 예를 들어 오른발 먼저 나간다고 했을 때, 바로 행동을 하는 것이 아니라 먼저 입 밖으로 "오른 발 먼저 나간다"라고 말한 뒤 행동으로 발을 이동시킨다. 반복적인 행동으로 자동화되었을 때 다음 동작을 연습하면, 생각하고 행동하는 습관도 함께 길러진다.

# 06

# 운동 환경이
# 습관을 결정한다

    초등학교에 다니는 아이들은 왜 이렇게 학원을 많이 다닐까? 운동을 지도하는 것보다 학원을 차리는 것이 더 돈을 많이 벌까? 신입생을 선발하고 나면 운동 시간을 만들기가 너무 어렵다. 3학년 학생이 학원이 끝나면 저녁 7시라고 한다. 이 정도면 천재를 만드는 것 아닌가. 벌써부터 천재를 만들려는 부모들이 많다. 아이들은 운동을 너무 하고 싶지만, 시간이 없어서 못 한다고 한다.

    운동을 하고 싶어 했던 아이들을 위해 점심시간을 이용해보기로 했다. 점심을 먹고 나서 아이들을 불러 모았다. 그리고 재미있는 게임 방법을 알려주고 이기는 팀은 계속하게 했다. 내가 3일 정도 심판을 보면서 아이들에게 규칙과 방법을 설명했다. 그리고 끝나면 간식으로 아이스크림을 주었다. 아이들은 서로 이기겠다고 경쟁심이 붙었다. 자리를 잡겠다고 점심 먹자마자 불이 나게 달려 왔다. 2주 차가 되자 내가 없어도 알아서 나와서 경기하고 아이스 크림을 먹고 들어갔다. 3주 차가 되자 이 게임은 아이들에게 자연 스럽게 시스템화되었다.

'시간은 없는 것이 아니라 만들면 된다'라는 교훈을 얻었다. 그 로 인해 고학년까지 피드백을 받아 점심시간에 나와서 운동을 했 다. 운동은 재미와 보상이 주어지면 강력한 힘이 생긴다. 내가 어 릴 때는 점심만 먹으면 다 같이 운동장에 모여 축구를 했다. 체력 적으로 힘들지만 재미와 매력이 있기 때문에 운동장을 나갔다. 모 든 운동은 재미와 보상이 이루어지면 습관으로 자리 잡히기가 더 쉽다. 그리고 혼자 하는 운동이 아니라 친구들과 하는 운동은 재 미를 넘어 신나기까지 한다.

운동은 꾸준히 하는 것이 어려운데, 그저 힘들기만 하면 더더욱 지속력이 떨어진다. 보상이 주어져야 비로소 계속할 수 있는 힘이 생긴다. 나도 헬스장을 이용해 다이어트를 하고 근육을 만들었지 만, 보상이 없었다면 길게 하지 못했을 것이다. 좋은 습관이든, 나 쁜 습관이든 보상이 주어지지 않으면 계속해야 할 이유가 없다.

다이어트의 포인트는 자기가 원하는 음식을 포기해야 하는 것이 다. 좋은 몸매가 보상이라고 생각하지만 쉽게 성공하지는 못한다. 달걀 다이어트를 했다고 하자. 죽을 때까지 달걀만 먹을 수 없기 때문에 실패할 확률이 높다. 그렇기 때문에 일주일에 하루는 먹고 싶은 것을 하나 선택해서 보상을 한다. 나도 금요일까지 단백질 음식만 먹고, 토요일은 내가 먹고 싶은 요리를 마음껏 먹었다.

초등학교 운동 시설이 부족해 여러 가지 도움이 되는 기구를 샀다. 그런데 매번 쓰지는 않고 버리는 경우가 많았다. 그래서 아이들의 눈에 잘 보이는 운동장 입구에 배치했다. 그리고 손목과 팔과 다리 힘을 키울 수 있는 밴드는 수시로 할 수 있게 눈에 보이는 곳에 설치했다. 그러자 아이들이 호기심을 보이며 조금씩 시작했다.

하지만 여전히 나쁜 환경도 조성되어 있었다. 교실에서 끝나고 나오는 아이들은 스마트폰을 가지고 오면서 의자에 앉아 자기 할 것은 안 하고 게임을 했다. 그래서 한 가지 제안을 했다. 나오면서 스마트폰은 진동으로 설정 후 가방에 깊숙이 넣어두라고 했다. 아이들은 이 규칙을 통해 스마트폰을 하는 횟수를 줄였고, 근력과 민첩성 훈련을 스스로 하게 되었다.

《아주 작은 습관의 힘》에서 좋은 습관은 눈에 보이는 곳에 두라고 한다. 즉, 즉 기타 연습을 해야겠다는 생각을 했으면 실행을 옮기기 위해 거실 중앙에 기타를 놓아두는 것이다. 건강한 습관을 만들고 싶다면, 사과 바구니를 냉장고에 넣어놓지 말고 식탁이나 거실 탁자에 두라고 조언한다. 그리고 나쁜 습관을 고치고 싶다면 반대로 하면 된다. 습관을 어렵게 만드는 것이다. 다시 말해 비밀번호를 설정해 접속을 어렵게 한다거나, 사용 시간을 설정해 그 시간에만 사용하게 하라는 것이다. 좋은 습관의 행동을 매일 하는 아이들이 있는가 하면, 나쁜 습관의 행동을 매일 하는 아이들도 많다.

나쁜 습관의 행동은 지각하거나 준비물을 매번 놓고 오거나, 자기 물건을 잘 잃어버리는 것 등이 있다. 이를 위해 우리는 입구에 들어오기 전에 "가방 정리, 옷 정리, 저금하기" 등을 입 밖으로 말하며 들어온다. 갈 때도 "스마트폰 챙겼고, 가방 챙겼고, 준비물 챙겼고" 이렇게 말하면서 문밖을 나간다. 그러다 보니 놓고 가는 일이 많이 줄었다.

우리 아이들이 학교 교실에서 못하는 습관들을 바로잡고 있다. 아이들은 일어나는 것을 너무 어려워한다. 우리 집도 예외는 아니다. 대부분의 아이들은 아침에 일어나는 것을 극도로 싫어한다. 소수의 아이들만이 스스로 일어나서 학교에 온다. 어느 날, 어머님 한 분이 찾아오셨다. 아이가 아침에 너무 안 일어나서 걱정이었는데 어느 날부터 갑자기 7시 20분에 집을 나가는 것이 신기하다고 하셨다. 8시 20분 넘어서 학교에 가던 아이가 갑자기 6시 40분에 일어나 밥을 먹었단다. 그리고 무엇을 말하기도 전에 운동하러 가야 한다고 말하더니 알아서 나갔다는 것이다. 너무 급하게 나간 나머지 물병을 놓고 갔다고 해서 다시 전달해주러 왔다고 하셨다. 도대체 무슨 운동을 하길래 이렇게 좋아하면서 가는지 궁금해서 왔단다.

운동은 누군가가 대신 해주지 못한다. 하지만 학교에서 아이에게 숙제를 내주면 어떤 부모님들이 아이 대신 더 자신이 적극적으로 풀기도 한다. 아이가 숙제를 못 해서 걱정하는 것이 아니라 부모가 숙제를 못 할까 봐 걱정한다. 숙제는 분명 아이의 일인데 부모는 자신의 일인 것처럼 아이를 재촉한다. 그러다 보니 싸우는 경우가 많다. 다음 날 준비물이나 필요한 부분 역시 부모들이 다 해주는 경우도 많다.

운동은 거짓말을 하지 않는다. 자기가 연습을 못 했으면 그만큼의 실력만 가지게 된다. 그래서 다른 사람이 관여해서는 문제를 풀어나갈 수 없다. 배우는 데는 본인의 의지와 인식이 중요하다.

우리 아이들이 운동하는 시간을 만들어준다면 아이들은 언제든지 마음껏 뛰어놀 준비가 되어 있다. 하지만 옆집과 다른 집에 비교하면서 공부에만 집중하다 보면 아이의 몸과 마음은 망가지게 된다. 나는 그런 아이들을 볼 때마다 마음이 아파 어떻게 하면 운동을 더 할 수 있게 만들까 고민한다.

매년 신입생을 선발하는 과정 중에 마음 아픈 일이 한두 가지가 아니다. 대부분의 아이들은 신체를 움직여본 적이 별로 없는 것처럼 굉장히 뻣뻣하다. 미세먼지 등의 환경적인 문제로 많은 부모들이 걱정한다. 하지만 이런 걱정만 할 것이 아니라 아이들이 뛰어놀거나 운동을 하게 해야 한다.

운동을 시키면 안 되는 것이 아니라 운동을 꼭 시켜야 하는 것으로 부모의 인식이 바뀌어야 한다. 사회에서 성공한 사람을 조사한 결과, 70% 이상의 사람들이 운동을 매일 한다고 했다. 성공하기 위해서는 운동은 반드시 필요한 조건 중에 하나라고 볼 수 있다. 성공하는 아이들로 만들고자 한다면 아이들이 매일 운동할 수 있는 환경을 만들어주어야 한다.

　우리나라 교육환경은 너무 공부만 하는 것에 편중되어 있다. 학교 끝나고 놀고 싶어도 아이들은 학원으로 다시 이동한다. 친구를 보려면 공부하러 학원에 가야 하는 환경으로 바뀌었다. 우리나라도 일본처럼 아이들이 취미로 운동 하나는 반드시 해야 하는 것으로 바뀌어야 한다. 우리나라는 공부의 비중을 90으로 둔다면, 운동의 비중은 10으로 생각한다. 이렇게 더 이상 방치하다가는 아이들의 폭력성이나 비만과 사회성 문제들을 생각하지 않을 수 없다. 온전히 아이들의 건강과 건전한 문화를 위해 힘써야 한다.

# 07

# 다리 힘부터
# 길러라

요즘 초등학생들의 체격 및 체력 저하의 원인에 대해 찾아보았
다. 첫째, 생활 습관의 변화다. 부모들은 아이가 굉장히 어릴 때부
터 대학 입시에 대해 생각할 뿐 아니라 이를 위한 발판으로 특수
목적 중·고등학교에 입학시키려 한다. 이러한 문제 때문에 사교
육 열풍으로 학생들이 실내에 앉아서 생활하게 되는 시간이 늘어
나게 되었다.

학생들의 체력 저하가 심해지고 다리 근력이 부족한 상황까지
왔다. 부모들은 생활 수준이 높아짐에 따라 아이들에게 교육을 더
많이 하고자 한다. 이러한 부모들의 욕심이 아이들의 신체활동 시
간을 뺏어가고 있다. 사교육은 대부분 국어·영어·수학 위주로 이
루어져 있기 때문에 학생들이 신체 활동을 할 수 있는 시간을 방

해한다.

4학년을 지도하는 과정에서 뛰는 것에 매우 불편을 느낀 아이가 있었다. 운동을 평상시에 하지 않아 운동에 대한 감각이 없었기에 걱정이 되었다. 게다가 한쪽 발이 안짱다리였기에 뛰다가 자기 발에 걸려 넘어지는 경우도 있었다.

준비 운동으로 체육관을 뛰었다. 육상을 전공한 체육 선생님이 다가와 "운동 리듬이 엉망이고 안짱다리인데 운동을 시킬 수 있겠어요?"라고 물었다. 난 선생님에게 "운동에 재미를 느끼고 있고, 하고자 하는 의지가 있어요"라고 답했다. 하지만 다리 힘이 부족해 힘을 쓰는 경우에는 많은 어려움을 겪었다. 특히 강한 공이나 순간적으로 스피드 있게 오는 공은 대응하지 못했다. 이런 일이 반복되자 아이는 자신감을 잃었다.

그래서 선택한 것이 심폐지구력 훈련인 왕복 오래달리기와 고깔을 이용한 사이드 스텝과 순발력 훈련을 병행했다. 왕복 오래달리기는 4주 정도 꾸준히 매일 했다, 일주일에 한 번씩은 고강도로 높은 단계까지 도전하게 했다. 스텝 훈련과 스쿼트 훈련을 중간중간 집어넣어 보강하는 훈련을 했다. 그리고 리듬감을 가지기 위해 줄넘기도 했다. 그러자 5학년이 되고 나서는 심폐지구력뿐만 아니라 다리 힘이 굉장히 좋아졌다. 다리에 힘이 붙자 공의 스피드와 파워까지 좋아졌다. 그리고 놀라운 것은 안짱다리까지 정상으로 돌아왔다.

하체는 신체의 중심 지지대 역할을 한다. 건물로 표현을 하자면 건물의 제일 중요한 뼈대다. 우리 몸을 지지하고 있는 다리가 약하면 금방 피로감이 몰려온다. 남자일 경우 하체에서 가장 중요한 것은 허벅지라고 생각한다. 몸에서 허벅지 근육들이 차지하는 비중은 70%나 된다. 그 정도로 우리 몸을 안정적으로 만들어준다. 강한 하체는 운동을 할 때 어려운 자세를 만드는 데 도움이 되기도 한다. 하체를 발달시키게 되면 근육량이 상체보다 빠른 속도로 증가하기 때문에 기초대사량이 높아진다. 반대로 허벅지 근육이 빠지면서 지방이 그 자리를 차지하면 살이 금방 찌는 경우가 많다.

이런 경우를 대비해 꾸준히 하체 강화를 하면 아이들은 건강한 신체를 유지할 수 있다. 우리는 '여자들이 하체 운동을 하면 허벅지가 두꺼워진다', '종아리가 굵어진다' 등과 같은 잘못된 정보를 믿는 경우가 있다. 하지만 오히려 여자의 경우 하체 운동을 하면 요요현상을 예방하는 효과를 볼 수 있다. 하체는 다른 부위들에 비해 적색 근육이 많다고 한다. 적색 근육은 다른 근육에 비해 지방을 에너지로 더 끌어서 사용한다는 연구 결과도 있다.

우리는 매년 전국소년체전을 준비하기 위해 한 달가량 합동 훈련을 실시한다. 코로나가 찾아오기 전에는 보통 매년 4~5월에 하는 훈련을 8년 정도 함께했다. 매년 5월에 열리는 소년체전은 초·중학생들의 꿈의 무대다. 이 대회를 위해 17개 시·도가 1년 동안 피나는 노력을 한다. 특히 4~5월은 도 대표로 선발된 팀 지도자와 선수가 모여 절정을 이루는 시기다.

지도 2년 차에 처음 옆 학교와 같이 합동 훈련을 실시했다. 그 학교의 코치 선생님은 여자 선생님이었고, 감독 선생님은 남자 선생님이었다. 하지만 두 분의 운동 열정은 굉장했다. 우리 쪽 대표 아이들 세 명을 데리고 합동 훈련에 참여했다. 5주 정도 되는 기간 동안 '정말 이것이 최상의 운동이구나' 하고 깨달았다.

그것은 하체를 단련하는 운동이었는데, 내가 중·고등학교 시절에 했던 운동보다 더 강했다. 산에 절이 있었는데 Z모양으로 길이 꼬불꼬불 되어 있다. 절까지는 15분 정도 걸리는 오르막길이었다. 이 오르막길을 일곱 명이 밑에서부터 전력 질주해 절이 있는 곳까지 뛰는 것이었다. 3분의 1만 뛰어도 하체가 터지는 기분이 든다. 이 훈련을 4주 정도 하면 하체는 철갑을 두른 다리가 된다. 그해 전국소년체전에서 금메달이라는 최고의 결과를 얻었다.

산은 남녀노소 누구나 건강을 위해서 찾는 곳이다. 산은 공기도 좋지만, 산을 오르는 것만으로도 하체를 단련시킬 수 있다. 하체 운동을 하게 되면 관절의 유연성도 함께 높아진다. 골밀도도 단단해져 나이가 들면 들수록 약해지는 관절 질병을 예방할 수 있다.

최근에는 하체를 단련시키기 위해 계단을 이용한 운동을 하는 사람들도 많아졌다. 길을 가다가 칼로리가 쓰여져 있는 계단을 심심치 않게 보게 되기도 한다. 이제는 편리함보다는 자기 건강을 지키는 운동이 필수라는 문화가 자리 잡아가고 있다.

최근의 아이들은 하루에 서너 개의 학원 일정을 소화하는 것이 일상이 되었다. 2018년 교육부의 자료에 따르면, 2015년 국내 공교육비 지출 수준은 국내총생산 대비 5.8%로, OECD 국가 평균보다 높게 나타났다. 사교육비는 초등학교 4.8%로, 1위를 기록한 바 있다. 이러한 사교육의 참여율이 중·고등학교 과정보다 초등학교 아동들에게 집중되어 있다는 점에서 그 문제가 더 심각하다고 생각한다. 가장 뛰어다녀야 할 아이들이 운동장이 아닌, 실내에 갇혀서 공부만 한다는 것이다.

2020년은 코로나로 힘든 한 해였지만 시합의 결과만 따진다면 개인적으로는 최고의 한 해이기도 했다. 지도자 11년 만에 처음으로 단일팀으로 전국대회 세 개 중 두 개를 우승했고, 하나는 준우승, 개인전 우승 두 개를 했다. 하지만 최고의 한 해는 금방 지나갔고, 여섯 명의 아이들이 다 중학교에 진학하면서 문제가 발생했다.

5학년에서 6학년으로 올라가는 학생이 없었다. 이미 예견된 상황이었지만 너무 암담했다. 신입생 열한 명은 3~5학년 신입생으로 구성되었다. 운동을 시작한 지 3개월 정도뿐인 아이들은 정말 마당에 갓 풀어놓은 강아지들 같은 느낌이었다. 다 같이 모여 운동하는 시간도 부족했고, 운동에 대한 기초 지식도 한참 부족한 상황이었다. 이런 상황에서 첫 시합을 나가야 했다. 하지만 시합이라는 경험을 통해 아이들에게 동기부여를 해주고 싶었다. 시합에 출전한 아이들은 당연히 졌고, 그 이유는 명확했다. 기초 체력,

즉 다리의 힘이 부족했다. 심폐지구력 역시 부족했다.

실패는 성공의 어머니라고 했던가. 시합이 끝나고 다음 날부터 아이들의 의욕이 불타올랐다. 아이들의 하고자 하는 강한 의지는 감독 선생님과 나를 움직이게 했다. 아이들의 다리 힘을 길러주기 위해 우리는 아침마다 운동장에 모였다. 감독 선생님과 나의 지도 아래 심폐지구력과 하체 강화 훈련 프로그램을 진행했다. 5주 프로그램을 잡고 아이들은 아침 훈련을 잘 극복했다.

2주 정도 지나자 아이들의 반응은 뜨거웠다. 체육관에서 하는 하체 훈련은 아이들의 다리를 더욱 단단하게 만들었다. 일주일에 한 번은 고강도 훈련으로, 1시간에서 1시간 30분 정도 운동했다. 그날은 아이들 체력의 80%까지 끌어 올리려고 노력한다. 그 후 마무리 정리 운동을 하고 인사하고 귀가시킨다.

우리 사회는 사교육을 통한 명문대학교 입학만이 성공한 인생이라고 한다. 이러한 부모들의 잘못된 인식과 아이를 통한 보상심리가 아이들을 몰아붙이고 있다. 이는 학습 주체인 아이의 정서적·심리적·신체적 건강을 해치는 것임을 잊어서는 안 된다. 1990년대 초만 해도 아이들은 종일 또래 친구들과 뛰어노는 것이 일상이었다. 하지만 지금은 온종일 뛰어놀면 큰일 나는 세상이 되어버렸다.

종일 딱딱한 의자에 앉혀 아이들의 다리가 얇아지게 하지 말아야 한다. 아이들의 다리 힘을 불어넣어 줄 수 있는 활동이 필요한 시기다. 운동장을 활용해 마음껏 뛰어노는 시간을 일주일에 3~4회는 제공해야 한다. 체육시간으로는 아이들이 강한 운동을 할 수 있는 기회가 없다. 활동량은 줄어들고 의자에 앉아 있는 시간이 많으면 우리 아이들의 다리는 점점 말라 갈 것이다. 다리의 힘을 키우기 위해 당장 운동장으로 아이들을 보내야 한다.

# 08

# 운동 잘하는 아이로
# 키우는 비법

아직도 운동의 한을 못 풀어 가슴 한쪽에 꿈이 남아 있다. 초등학교 4학년 겨울방학부터 시작한 운동을 25살 젊은 나이에 선수 생활 은퇴를 할 때까지 지속했다. 그 당시, 14년을 투자한 나의 운동 인생은 끝이 났다고 생각했다. 하지만 지도자를 하면서 아직 젊은 나이라 매년 열리는 전국체전을 충남 대표로 뛸 수 있었다. 지도자 생활을 하면서 선수로도 뛴다는 것은 사실 쉬운 일이 아니다. 더군다나 월급을 받고 운동하는 프로팀과 시합을 한다는 것은 쉽지 않다.

선수 입장에서 지도자 입장으로 위치가 바뀌다 보니 선수 때는 안 보이던 것들이 보였다. 어떤 운동을 해야 잘할 수 있고, 어떤 자세가 도움이 되는지 알게 되었다. 그래서인지 아이들에게 좋은 말을 많이 해주고 싶은데, 아이들은 잘 듣지 않는다. 듣는 것이 어려운 아이들이지만, 그래도 어떻게든 듣게 해야 하는 것이 지도자다. 물론 11년이 지난 지금도 여전히 어렵다. 운동 시간이 점점 부족해지는 환경 역시 나를 조여온다. 하지만 나의 두 번째의 인생의 목표는 운동과 공부, 그리고 경제를 다 준비하는 아이들로 성장시키는 것이기에 힘을 내고 있다.

나의 지도 스타일은 말이 많다. 서로 장단점을 쓰는 시간을 가졌는데 아이들이 쓴 내 장점을 보았다. "저희를 많이 생각해주세요", "지도를 잘해주세요" 등이 있었다. 반면 단점 부분에는 "선생님은 말이 너무 많아요"라는 것이 있었다. 인정을 안 할 수 없었다. 그러면서 아이들에게 질문했다. 선생님이 전체적으로 지도할 때 말고, 개인적으로 지도할 때는 하고 싶은 말이 있어도 참아보겠다고 했다. 자세와 공을 치는 스텝은 지적하지 않을 테니 선생님에게 질문해보라고 했다.

질문을 하는 아이들이 많을 것이라 생각했지만, 나만의 착각이었다. 아이들은 한동안 질문을 하지 않았다. 지도자의 눈에 아이들의 모든 자세와 모든 상황이 마음에 들 리가 없다. 그래도 아이들에게 말한 것이 있기에 한동안은 참아보았다. 이렇게 말하면 방관하는 것이냐고 하는 사람들도 있을 수 있지만, 도움이 필요하다고 할 때 도움을 주는 것이 최고의 선택이라고 생각했다. 어느 날, H라는 아이가 다가와 "백핸드 쪽이 너무 안 되어서 그러는데 백핸드 좀 알려주세요"라고 말했다. 너무나 반가운 나머지 두 손을 꼭 잡고 뒤편 공터로 갔다. 열심히 지도하고 돌아왔는데 다른 아이들도 와서 알려달라고 줄을 섰다. 열심히 알려주면서 보니, 아이들의 눈빛이 달랐다.

기시미 이치로(岸見一郎)와 고가 후미타케(古賀史健)의 《미움받을 용기》에서는 "신이여, 바라옵건데 제게 바꾸지 못하는 일을 받아들이는 차분함과 바꿀 수 있는 일을 바꾸는 용기와 그 차이를 늘 구분하는 지혜를 주옵소서"라는 기도문이 있다. 내가 통제 가능한 것과 통제 가능하지 않는 것을 구분만 잘해도 에너지를 소모하는 일이 줄어든다. 질문하는 자체는 용기가 필요하다. 학생이 선생님에게 질문을 한다는 것은 좋은 일이다. 하지만 그 질문의 본질에 배우고자 하는 의지가 담겨야 의미가 있다.

아이들의 질문을 받을 경우, 난 항상 아이들에게 먼저 생각을 하고 질문하라고 한다. 본인이 스스로 하다가 도움이 필요할 때 질문을 하는 것이 좋다. 생각도 하지 않고 무작정 질문만 한다면 무엇이든 다 질문으로 해결하려고 하기 때문에 스스로 못하는 것이 많아진다. 아이들이 불안해하는 것 중 하나가 질문을 할 경우 혼나지는 않을까 하는 두려움이다. 지도자가 이런 두려움을 가지게 한다면 아이들은 질문을 하지 않는다. 질문은 좋은 것이라고 말해줘야 한다. 나는 어릴 적에 질문을 하다가 혼이 난 적이 있어 그것이 트라우마가 되어 남아 있다. 질문은 도와달라는 일종의 구조 신호다. 본인 스스로 노력했는데도 불가능한 것에 대한 답답함이다.

이제 우리 아이들은 신입생 신분에서 정식 선수로 등록되었다. 전국대회도 경험했고, 기초 체력도 높아졌다. 좋은 일이기도 하지만, 아이들은 어느새 정체기에 들어섰다. 운동과 공부의 공통적인 부분은 기초가 중요하다는 것이다. 아무리 잘하는 프로 선수도 이 기초 동작을 갈고 닦아야만 자기 실력을 발휘할 수 있고 프로가 될 수 있다.

운동을 잘하는 아이들은 자기에게 부족한 부분이 무엇인지 알려고 한다. 즉 기초의 중요성을 인식하고 하고 있다. 그리고 무엇이 부족하고, 무엇을 지금 해야 하는지 궁금해한다. 공부도 운동도 잘하려면 방법을 알아야 한다. 그리고 지도를 잘하는 사람을 찾아가야 한다.

우리는 매일 카메라로 운동하는 모습을 촬영한다. 촬영을 하는 이유는 내가 말로만 해주는 것보다 영상으로 확인하는 방법이 더 효율적이기 때문이다. 매일 운동이 끝나면 1시간 안에 영상을 카페에 업로드해서 아이들에게 기초 동작을 비교하고 분석하라고 한다.

미국의 가장 유명한 골프 선수 타이거 우즈(Tiger Woods)도 매일 카메라 다섯 대 이상을 가지고 다니며 자신의 자세를 촬영해서 확인한다. 기초 동작을 가장 중요하게 생각하는 것이다. 기초 동작을 매일 반복적으로 연습한다.

농구의 황제라 불리는 마이클 조던은 "기초를 소홀히 하면 바탕이 무너진다"라는 말을 했다. 이 말은 즉, '기초는 말 그대로 바탕이 무너질 수 있는 가장 중요한 부분이다'라는 것이다. 가장 중요한 기초를 놓친다면 가장 중요한 순간에 위기가 온다. 장애물을 만났을 때 뛰어넘을 수 있는 무기가 기초인 것이다. 가장 무서운 순간은 자신에게 소홀했을 때다.

가장 지도하기 좋은 시기는 신입생을 지도하는 순간이다. 아이들은 너무 하고 싶은 마음에 지도자 선생님의 말 한마디 한마디에 귀를 기울인다. 마치 빈 잔에 물을 따르는 느낌이 든다. 중요하다는 말에 메모까지 하는 아이들도 있다. 가장 지도하기 어려운 아이들은 자신이 다 배웠다고 생각하는, 마치 물컵에 물이 가득 찬 느낌의 아이들이다. 들으려고 하지도 않고 자신의 부족함을 인정하려 하지도 않는다. 운동을 잘하고 싶다면 자신의 그릇부터 비우고 와야 비로소 채울 수 있다.

I라는 아이는 자존심이 강하고 지기 싫어하는 아이였다. 학교에서 운동할 때는 승부욕이 강하다라는 생각을 못 했다. 학교에는 같이 운동을 하는 동기가 없었기 때문이다. 그러다 좋은 기회가 생겼다. 소년체전으로 합동 훈련을 하게 된 것이다. 그러면서 자연스럽게 같이 운동하는 동기들이 생겼다. 한 달간의 합동 훈련으로 많은 변화가 일어났다. 첫 번째는 서로 선의의 경쟁으로 동기 부여가 되었다. 우리 학교에서는 실력이 약한 동생들과 하다 보니

실력이 늘지 않았다. 하지만 친구들과 경기를 통해 패배도 하고 승리도 하면서 부족한 부분이 보였다. 패배에서 느낀 부족한 부분을 보완하고 연습했다.

두 번째는 체력 훈련으로 서로 힘이 되었다. 혼자 하면 힘든 일들을 같이 서로 밀어주고 당겨주었다. 체력도 좋아지면서 자신감도 같이 높아졌다. 힘든 운동을 같이하면서 팀워크가 좋아졌다.

우리는 혼자서 앞만 보고 달려가려고 한다. 하지만 혼자보다는 같이 가는 것이 힘든 일을 더 잘할 수 있다. 운동을 잘하는 아이들은 남 탓을 잘하지 않는다. 본인이 도울 수 있는 것을 찾아 나선다. 부족한 부분을 채워주려고 한다. 남을 험담하기보다는 격려를 아끼지 않는다. 뛸 때 누군가가 힘들어하면 뒤에서 손으로 살짝 밀어준다. 그 작은 도움이 얼마나 힘이 되는지 안다.

헬스장에서 20kg짜리 덤벨을 들려고 할 때 작은 도움 하나로나 자신의 한계를 넘는다. 작은 도움 하나로 못 들던 30kg, 40kg를 들어 올린다. 본인의 한계를 뛰어넘는 가장 좋은 방법은 선의의 경쟁자가 있는 것이다. 운동을 잘하는 아이는 어떤 상대를 만나도 최선을 다해서 경기를 한다. 상대가 약하거나 강하더라도 자신이 할 수 있는 기량을 최대한으로 발휘하려고 노력한다. 그리고 경기가 끝나면 결과를 받아들인다. 그리고 경기에 대해 분석한다. 잘한 것과 부족한 부분을 체크해 답을 찾는다. 찾지 못하는 것은 코치 선생님에게 도움을 요청한다.

운동을 잘하는 아이들의 그릇은 크고 배움을 멈추지 않는다. 반면 운동을 못 하는 아이들은 그릇에 물이 가득 담겨 있거나 구멍이 나 있다. 이런 상황을 모르고 계속 운동을 한다. 그리고 자기 잘못이 아닌 남 탓을 한다. 운동을 잘하기 위해서는 먼저 배우려는 자세가 필요하다. 그리고 배운 것을 어떻게 자기 것으로 가공할 것인지 생각해야 한다. 말보다는 행동을 해야 한다. 행동을 통해 자기 자신을 발전시켜야 한다. 누구나 운동을 하지만 제일 잘할 수 있는 방법은 좋은 지도자를 찾는 것이다.

그리고 지도자에게 지도받은 것을 익히는 것이다. 나는 누구보다 지도를 잘한다. 그렇게 믿고 지도한다. 나를 찾아오는 아이들은 운동뿐만 아니라 도덕성과 사회성을 배우고 경제적인 도움까지 받는다. 운동선수로만 인생을 살 수 없다는 것을 누구보다 잘 알고 있기 때문에 나는 아이들에게 인정하고 알려주려고 한다. 운동만 하는 아이들이 아니라 공부와 경제적인 것도 같이 가야 한다. 그것이 내가 앞으로 나아가야 하는 길이다.

# 5장

## 운동을 꾸준히 하는 아이가 공부도 잘한다

# 01

## 운동을 꾸준히 하는 아이가 공부도 잘한다

"저는 더 발전할 수 있습니다. 저는 아직 슛을 잘 쏘는 것에 대해 최고점에 도달하지 못했습니다." NBA의 3점슛의 왕 스테판 커리의 말이다. 최고의 자리에 있는 자도 아직 최고라고 말을 안 한다. 나는 골든 스테이트 경기를 놓치지 않고 보았다. 특히 2017년 파이널 경기는 심장이 터질 것 같아 가슴을 붙잡고 지켜보았다. 커리는 꾸준히 자신의 자리가 어디인지 알고 연습한다. 커리의 일화를 들어보면 커리는 남들이 시작하기 전 기본기 연습을 끝낸다. 그리고 다른 사람들의 본 연습이 시작될 때 커리는 이미 몸이 다 풀려 있는 상태라고 한다. 우리는 9시에 운동을 하고자 하면 9시가 넘어서야 시작하려고 한다. 우리는 대부분 성공한 사람들의 결과만을 보고 평가하려고 한다. 그 사람이 어떻게 해서 그 위치까지 갔는지 과정을 말하는 사람은 별로 없다. 하지만 그 사람의 성공까지 가기 위한 과정에는 굉장한 노력이 담겨 있다.

J라는 아이는 학교 수업을 마치면 학원에 갔다가 그 후, 운동에 참여한다. 처음에는 다니는 학원이 많아 운동 시간이 부족했다. 하루에 30분 정도만 시간이 남아 잠깐 동안 운동에 참여했다. 나도 사실 지도하면서 이렇게 운동하다가는 그만둘 거라고 생각했다. 아이는 학교 공부와 학원, 그리고 운동까지 엄청난 스케줄을 소화했다.

그러면서 첫 대회를 나가게 되었다. 첫 대회의 목적은 경험이었다. 아이들이 운동을 시작한 지 몇 달도 안 되었기에 좋은 성적을 바라는 것은 욕심이었다. 아이들도 다행히 좌절하지 않고 패배의 경험을 받아들였다. J는 부모님과 상의 후 학원 시간을 조정했다. 그러면서 수업이 끝나면 학원 하나만 가고 바로 운동에 참여하게 되었다.

그리고 우리는 두 번째 대회를 준비했다. 자체 선발전을 통한 순위에 따른 점수와 학교 담임 선생님의 점수를 받았다. 그리고 마지막으로 여섯 가지 출석과 저금, 인성교육, 성실성, 도덕성, 정리하는 습관 등의 점수를 합쳤다. 세 가지 모두 합친 총합을 가지고 순위가 매겨졌다. 담임 선생님의 평가는 거의 100점에 가까웠다. 운동 점수도 모두 상위권에 속해 있었다.

요즘 시대에 운동하는 아이들은 많이 없다. 우리나라에서 운동을 시키는 부모들은 그나마도 인기 있는 종목을 선호한다. 축구와 야구, 그리고 태권도처럼 인기 있는 종목을 시키려 한다. 그러다 보니 비인기 종목들은 선수가 부족하거나 유지하기도 어렵다. 사정이 이렇다 보니 비인기 종목의 지도자들은 학원에 안 다니는 선수나 가정형편이 어려운 아이들을 선발한다. 나도 처음 지도자가 되었을 때, 주위에서 운동장에서 놀고 있는 아이들이나 공부를 못하는 아이들을 지도하라고 했다.

난 이 말이 틀렸다고 말하고 싶다. 아니 틀렸다. 공부도 못하면 운동도 못할 가능성이 크다. 공부를 잘하는 아이들은 공부를 좋아하는 것이 아니라 방법을 알고 있는 것이다. 운동도 마찬가지다. 운동을 잘하는 아이들은 운동을 잘할 수 있는 방법을 알고 있다. 주위에 잘 알려진 스타들을 보면 알 수 있다. 아무리 좋은 신체 조건과 뛰어난 운동 신경을 가진 사람도 꾸준히 노력하지 않으면 따라 잡히게 되어 있다. 매일 1%씩만 노력한다면 우리는 잘하고 있는 것이다. 어떤 운동을 꾸준히 노력한다는 것은 매일 한 발씩 전진한다는 것이다. 그 한 발이 모여 어느 순간 성공이라는 큰 성과를 안겨줄 것이다.

지도 생활을 하던 중, 나에게 정말 너무 힘든 시기가 있었다. 나의 반성의 시간이기도 하면서 한편으로는 다시 겪고 싶지 않은 시간이기도 하다. 학원도 다니지 않고 2학년 때부터 운동을 시작한 아이가 있다. 2학년부터 시작했다고 하면 대부분 4~5학년이 되면 얼마나 잘할까 생각한다. 하지만 그 생각은 틀렸다는 것을 보여줬다.

그 아이는 굉장한 말썽꾸러기였다. 그냥 서 있는 것이 안 될 정도였고, 공부는 둘째치더라도 수업 시간에 이상한 행동을 일삼았다. 문제 행동 중에 가장 심한 것은 경기를 하면 팀원에게 욕이나 상처 주는 말을 하는 것이었다. 경기에 패하면 자기 잘못보다는 팀원의 잘못으로 밀어붙였다.

아이의 성적은 평균 이하 수준을 넘어 심각했다. 학교 폭력에도 연루되면서 3주 정도 상담도 받았다. 더 문제가 되었던 것은 그 아이 한 명으로 인해 여러 명의 아이들이 운동을 그만두었다는 데 있다. 결국에는 중학교 때 큰 문제를 일으켜 전학까지 가면서 운동을 그만두었다.

말썽을 부리는 아이들은 그만한 이유가 있을 것이다. 가정의 문제가 있을 수 있고, 인성교육과 도덕성의 문제도 있을 수 있다. 누구의 잘못을 따지려는 것은 아니다. 그때의 나의 지도법도 문제였을 것이다. 그래서 지금은 신입생을 받는 테스트에서 인성과 도덕성과 운동 태도를 본다. 그리고 담임 선생님과의 면담을 통해 반에서의 공부 태도도 물어본다. 그리고 성실한지를 평가하기 위해 매일 아침 8시 20분까지 약속을 정한다.

이런 기간을 거쳐 부모님의 동의하에 운동을 할 수 있게 한다. 그리고 매일 아이들에게 질문한다. 선생님의 비전을 말하고 그것을 매일 확인한다. 꾸준히만 한다고 운동을 잘하는 것이 아니다. 꼭 알아두어야 하는 것은 공부도 운동도 잘하는 방법을 알면, 운동을 그만두었을 때 다른 것도 잘하게 된다. 모든 사회 생활이 마찬가지다. 방법을 알아야 다른 일을 찾을 때 금방 적용이 가능하다.

K라는 아이는 키도 작고 힘도 없었다. 3학년부터 운동을 시작했는데 힘이 없는 것이 걱정이었다. 하지만 매일매일 운동을 빠지지 않고 나오는 것이 기특해 보였다. 5학년이 되었는데 신체적인 면에서는 너무 약해 보였다. 4학년 친구들과 신체 조건이 비슷했다. 그리고 다른 친구들과는 다르게 학원을 안 다녔다. 유일하게 하는 것은 집에서 부모님과 약속한 부분을 공부하는 것이었다. 체력이 약한 나머지 코피도 자주 흘렸다. 하지만 운동에 대한 열정과 의지가 남달랐다. 체력 훈련을 하면 있는 힘을 다해 달렸다. 힘이 다 빠진 상태에서 하나라도 더 하려는 의지가 대단했다. 경기를 할 때도 힘이 부족한 것을 알면서도 끝까지 해내려는 모습이 예뻐 보였다. 6학년이 되면서 그 노력은 빛을 발했다. 전국대회 개인전 결승까지 올라간 것이다. 부모님도 같이 경기를 보시면서 최선을 다하는 아이에게 격려를 아끼지 않았다. 6학년을 졸업하면서 공부를 하고 싶다고 운동을 그만두게 되었다. 아이의 확고한 대답이 아직도 선명하게 기억이 남는다.

학원을 안 보낸 것이 궁금해 부모님과 상담을 하게 되었다. 부모님은 "운동을 너무 좋아하고, 굳이 학원을 보내는 것보다 집에서 EBS를 통해 공부하는 것으로 충분해요"라고 했다. 나는 초등학교에 운동을 시작했다고 해서 어른이 될 때까지 직업적으로 하라고는 권하고 싶지 않다. 그 이유는 스스로의 선택이 가장 중요하기 때문이다. 본인의 의지가 없고, 하고 싶어 하지 않는데 그 일에 최선을 다할 리 없다.

운동은 자신의 고통만큼 성장한다. 그 고통은 땀으로 표현되고, 몸의 고통으로도 표현된다. 헬스를 하러 가는 사람들은 얼마나 힘든지 알면서도 간다. 그 힘든 과정 끝에 건강한 몸이 있고 근육이 있다는 것을 확신하며 간다. 지금 당장 보상은 없다. 운동은 힘들다. 그런데 왜 매일매일 가야 하는지 질문을 통해 답을 찾아야 한다. 그 힘든 과정을 겪는 진짜 이유를 모르면 힘든 일은 할 수 없다. 할 이유가 없다.

아이들이 게임을 좋아하는 이유는 내가 한 만큼 바로 보상을 주는 데 있다. 투자 대비 바로 눈으로 확인할 수 있다. 그리고 고통이 아닌, 재미와 보상이 있기에 아이들이 게임에 빠지는 것이다. 운동에서 내가 노력한 결과가 보이지 않는다면 반복적인 연습을 할 힘이 생기지 않는다.

운동을 꾸준히 한다는 것은 공부도 꾸준히 할 수 있는 힘을 키우는 것이다. 나는 공부를 1등 하는 선수를 만드는 것이 목적이 아니다. 그렇다고 운동도 1등을 바라는 것도 아니다. 오늘 최선을 다하고, 내일도 최선을 다하는 아이들이길 바라는 것이다. 최선을 다

했다는 것은 어제를 돌아보았을 때 그보다 더 잘할 수 없어야 한다. 사람들이 과거를 생각하며 후회하는 것은 과거에 최선을 다하지 못했다는 생각 때문이다. 오늘이 마지막이라고 생각하고 산다면 우리에게 불가능한 일은 없다. 우리는 과정을 충실히 해나가면서 어제보다는 오늘 더 열심히 살았다는 생각으로 나아가면 된다.

운동은 기초를 다져주는 역할을 한다. 어린 나이에 그것을 경험한다는 것은 축복이다. 나의 제자들은 그 기초를 다지면서 오늘도 성장해나간다. 진심은 통하게 되어 있다. 진심으로 아이들을 사랑하고 잘되기를 바란다면 운동을 시켜라. 그러면 세상에서 가장 강한 무기 하나를 가지는 것과 같다.

## 02

# 운동과 공부,
# 둘 다 놓치지 않는 아이들

나에게 운동은 공부를 하기 싫은 것에 대한 도피였다. 공부를 해야 하는 이유를 몰랐다. 어릴 때는 어머니가 공부하라고 잔소리를 하지 않아서 그저 좋기만 했다. 공부의 중요성은 어머니도 몰랐기에 나도 그 길을 가고 있었다. 어머니는 본인의 이름만 쓸 줄 아셨다. 어머니는 왼쪽 손에 장애가 있으셔서 나를 굉장히 힘들게 키우셨다. 지금 어머니에게 감사한 것은 그래도 내가 공부를 싫어하게는 안 만들었다는 것이다.

지도자의 길을 가면서 교육에 대한 꿈을 가지게 되었다. 좀 더 나은 지도법과 아이들 심리를 이용한 교육에 욕심이 생겼다. 아이들을 잘 지도하고 싶은 마음에 무작정 공주대학교 교육대학원에 원서를 냈다. 그리고 시험과 면접을 통해 합격을 하게 되었다.

그로부터 2년 후 교생실습을 나가게 되었다. 인근 중학교에 있는 학교의 도움을 받아 실습을 하게 되었다. 그 학교에 체육 선생님이 세 분이 계셨는데, 한 분이 나의 담당 선생님이었다. 첫날부터 선생님과 밥을 먹으면서 급격하게 가까워졌다. 그리고 선생님의 과거를 들었다. 선생님의 이야기는 많은 생각을 하게 만들었다. 선생님도 운동을 좋아했고, 운동도 잘했다. 운동만 잘하면 먹고사는 데는 지장이 없다고 생각했다. 하지만 현실은 운동을 그만하게 되면 바로 먹고사는 것이 힘들어졌다. 그 사실을 깨닫게 된 선생님은 공부에 매진했다고 했다. 선생님이 그 당시 공부한 공책을 보여주었는데, 얼마나 피나는 공부를 했는지 상상이 되었다.

선생님은 운동에 쏟았던 노력을 공부에서도 보여주었다. 그리고 노력하면 된다는 것을 증명해주었다. 그리고 나에게도 도전하라는 말을 했다. 자기가 도와줄 수 있는 데까지는 도와주겠다고 했다. 하지만 나는 의지가 약했다. 자신감도 부족했다. 그저 멀리 보이는 꿈이라고만 생각했다. 하지만 선생님은 운동하면서 공부도 같이해야 한다고 말했다.

대부분의 자녀를 둔 부모들은 운동선수로서 성공하기가 더 힘들다고 이야기한다. 공부는 어느 정도만 해도 먹고살 수 있다고 생각하지만, 운동선수는 은퇴 시기가 너무나 빠르다. 올림픽 종목이나 대중들의 사랑을 받는 축구와 야구, 농구 등은 많은 수입도 있지만, 그만큼 프로 선수가 되기가 하늘의 별 따기다. 프로 선수가 되더라도 30대 중반이면 자연스럽게 은퇴를 준비해야 한다. 비인기 종목은 은퇴가 더 빠르기에 문제가 크다.

계명대 체육학과 김기진 교수는 "저 역시 운동을 했기 때문에 그 생리를 잘 안다"며 "운동 선수들이 사회 생활에서도 스포츠맨답게 페어플레이 정신으로 열심히 노력하지만, 사회는 그렇지 않다. 오히려 그런 순진한 운동선수들을 이용하는 경우도 많다"고 지적했다. 그렇기에 우리는 운동만 해서는 좋은 삶을 살 수 없다. 이러한 이유에서라도 운동과 공부는 필요한 부분이 아니라 필수다.

나는 우리 아이들에게 운동만 하는 것이 아니라 왜 공부도 함께 해야 하는지 이유를 설명한다. 공부를 안 하면 살아가면서 손해 보는 것이 많아진다. 그리고 사회적으로 살기 힘들어진다.

나는 초등학교 시절, 공부는 타고나는 줄 알았다. 공부를 잘하는 아이들은 그냥 공부를 잘하는 아이들이라고만 생각했다. 운동과 게임에만 관심이 있던 나는 매일 열심히 놀았다. 나는 최선을 다해 놀았기에 아직도 후회는 안 한다. 어릴 때 여름이면 매일 수영을 하고, 겨울이면 자주 산에 올라가 눈썰매를 신나게 타고 산토끼를 잡으러 다녔던 추억은 지금도 나를 기분 좋아지게 만든다. 그때의 나는 책을 펴서 읽어본 기억이 없다. 그리고 공부를 안 하고 숙제도 안 해서 매일 혼난 기억밖에 없다.

운동만 하면 성공한 삶을 산 것처럼 생각되었다. 그게 답인 줄 알고 달렸다. 지금 나의 영어 실력은 내 딸보다 못하다. 하지만 지금은 배우는 것이 너무 좋다. 공부에는 시기가 있다는 것을 내 나이 서른일곱 살이 되어서야 깨닫게 되었다. 딸이 공부를 싫어하게 만들고 싶지는 않다. 하지만 왜 공부가 필요한지는 알려주려 한다. 공부는 재미도 없고 사회에 적용할 수 있는 것도 아니다. 사실 사회를 살아가는 데는 학교에서 배운 것은 쓸 데가 없다.

그럼에도 왜 공부를 해야 하는지 이유를 설명해야 한다. 책임감을 알려줘야 한다. 그 이유를 알려주고도 공부를 안 한다면 그것은 내 딸 책임이다. 우리 부모가 해야 할 일은 그 시기에 왜 공부가 중요한지를 알게 하고 책임을 질 줄 아는 아이로 성장시키는 것이다.

대학은 간판이다. 명문 대학에 보내려는 부모들은 대부분 그 대학을 나오면 좋은 직장과 좋은 회사에 들어갈 수 있다고 생각한다. 간판은 비싼 화장품과 메이크업 같은 것이다. 사회적으로 예뻐 보이기 위해 공부를 하는 것이다. 어릴 때 운동과 공부를 놓치지 말아야 하는 이유는 비싼 화장품을 살 수 있는 기회가 주어지는 것이기 때문이다. 평생을 예쁘게 살 수 있는 기회다. 그 기회는 지금뿐이라는 것을 아이들에게 인식시켜야 한다. 하지만 우리나라는 운동과 공부를 병행하기에는 너무 열악하다.

학업만 시키거나, 반면 운동을 하는 아이들에게는 학업보다는 운동에만 전념하도록 시스템과 분위기가 조성되어 있다. 중요한 대회가 있으면 학업이 아닌 운동을 택한다. 대회 출전으로 아무렇

지도 않게 학교 수업을 빠진다. 종일 강도 높은 훈련 때문에 수업 시간에 자는 아이들도 있다. 우리나라 체육 특기생은 자의 반, 타의 반 학업을 등한시한다.

초등학교 6학년 2학기가 되면 우리는 특기생으로 중학교에 진학을 할지 아이들과 상담을 한다. 이 시기에는 부모들의 전화가 많이 오기도 하고 아이들도 깊은 고민에 빠진다. 그중 L이라는 아이의 상담이 기억에 남는다. 대부분 아이들은 운동을 해야 할지, 말아야 할지 부모와 많은 시간을 이야기한다. 하지만 L은 운동보다는 공부를 해야겠다는 강한 의지를 드러냈다.

초등학교 3학년부터 운동을 시작한 L은 학원은 하나도 안 다니고 학교 수업만 열심히 받았다. 단단한 체구에 달리기도 빨랐다. 신체 조건은 왜소했지만, 평상시의 팔굽혀펴기와 달리기로 인해 몸 자체는 좋았다. 그리고 각종 대회에서도 우수한 성적을 내기까지 했다. 초등학교 6학년 때 전국소년체전에서 은메달을 차지했다. 아이는 운동과 공부를 모두 하고 싶어 했다. 부모님도 그런 L의 생각에 힘을 실어주셨다. 교실에서 충분히 집중해서 공부하면, 나머지 시간은 뛰어놀거나 운동을 하게끔 했다. 그 당시 학원에 다녔던 친구보다 그 아이의 학교 성적이 더 좋았다.

부모들이 초등학교부터 운동을 시키지 않는 첫 번째 이유는 운동만 무식하게 한다는 인식 때문이다. 이보다 더 큰 문제는 제2의 인생을 보장해주지 않는다는 것이다. 짧게는 10년, 길게는 20년 동안 죽어라 운동에 매진했지만 돌아오는 건 차가운 현실이다.

그리고 운동선수의 생명이 끝나면 할 수 있는 게 별로 없다. 지도자가 아니면 자기가 이때까지 벌어놓은 돈으로 개인 사업을 하다가 망하거나 사기를 당한다. 이렇듯 운동선수와 은퇴 후의 직업은 별개의 문제다. 60대 이후에 퇴직하는 일반 직장과 다르게 선수는 30대 중후반에 은퇴해서 제2의 인생을 준비해야 한다. 그렇기에 우리는 운동도 해야 하지만 공부도 해야 한다.

초등학교부터 이런 교육이 이루어져야 한다. 나는 감독 선생님, 담임 선생님과 합의를 통해 학업의 중요성을 아이들에게 지속해서 전달했다. 담임 선생님의 점수가 60점을 못 넘으면 시합에 출전하지 못하게 했다. 그 60점은 교실에서의 학습 태도와 학습에 대한 이해력, 평상시의 생활 태도까지 점수를 주는 방식으로 했다. 이제는 운동만 해서는 성공한 인생을 살기 어렵다. 우리는 선수로 끝나는 인생이 아니기 때문에 학습 능력을 키워야 한다.

우리 정부는 좋은 시스템을 모방할 필요가 있다. 우리나라도 운동하기 좋은 나라가 되어야 한다. 지금 우리나라의 많은 부모들은 운동은 전혀 시키지 않고 사교육에만 매달리고 있다. 이런 현상황을 반성해야 한다. 일본과 미국의 스포츠 문화는 운동 특기자라는 특혜가 없다. 운동은 그저 하나의 취미와 좋아하는 스포츠의 한 부분이다. 운동과 공부는 별개라는 것이다.

PGA투어 메이저대회 14회 우승 포함, 79승을 기록한 최고의 골프 선수인 타이거 우즈도 대학 중퇴자다. 그는 미국 명문대인 스탠포드 대학교에서 경영학을 전공했다. 하지만 공부를 병행하지 못해 2학년을 마치고 프로에 진출하면서 학교를 중퇴했다. 그는 최근 인터뷰에서 "학업 중단이 가장 후회된다"고 말했다. 이처럼 운동을 해도 학업은 지속해야 한다. 그러기 위해서는 우리나라도 시스템의 변화를 통해 운동하기 좋은 나라로 만들어야 한다. 그 시작은 초등학교에서부터여야 한다.

# 03

# 아이의 운동 습관이
# 미래의 차이를 만든다

아침에 눈 뜨자마자 거울을 보며 "100억 원 부자 송코치"라고 외친다. 태어나서 이처럼 열심히 살았던 적은 없다. 매일 시간이 너무 빨리 간다. 시간이 나를 잡아먹는 것처럼 하루가 빠르게 지나간다. 100억 원 부자는 대학교 때 읽은 《부자 아빠 가난한 아빠》를 통해 꿈꿔왔던 나의 목표다.

그때는 돈을 무작정 모으면 되는 줄 알고 아끼고 아껴서 돈을 모았다. 하지만 평생 저축해서 모은다는 가정을 했을 경우, 100억 원 부자가 되는 데 166년이 걸린다는 결과가 나왔다. 돈이 전부는 아니지만, 삶에서 돈을 빼놓고 말하는 사람은 아무도 없다. 살면서 꼭 필요한 것은 돈이다. 하지만 정작 돈에 대한 경제 교육은 어릴 때부터 부모가 하지 않으면 배울 수 있는 곳이 없다. 살아가는

데 경제 공부가 꼭 필요함에도, 돈에 대한 공부는 학교에서 배울 수 없다.

우리 아이들은 매일 아침 8시에 교실을 들어가기 전, 학교 코트에 있는 쉼터에 들어온다. 그 이유는 아이들에게 매일 100원 이상을 저금하는 습관을 키우기 위해서다. 100원 이상을 저금하면서 우리는 "친구를 데리고 와주렴"이라고 말하고 동전을 투입한다. 그리고 용돈기입장을 쓴다.

아이들에게 나는 운동에 관해 교육을 하고 있지만, 경제적인 것도 함께 지도하고 싶었다. 나는 대학교 때 저금을 시작했다. 10년 넘게 돈을 모으는 습관을 통해 약간의 경제적인 여유도 생겼다. 초등학교 때부터 이런 습관을 길렀으면 좋았겠다는 생각이 들어 늦게 시작한 것이 아쉬웠다. 그렇게 아이들에게 경제관념을 심어 주기 위해 저금통 룰을 시작하게 되었다. 우리 아이들이 지금부터 조금씩 모은 것을 가치 있는 곳에 쓰면 좋겠다.

우리 아이들은 마음의 부자가 되길 바란다. 돈의 소중함과 돈을 가치 있게 쓰는 방법을 배워야 한다. 돈은 나를 발전할 수 있게 하는 도구다. 아이들은 돈을 모으는 것에서 끝나는 것이 아니다. 한 달에 한 번은 모은 돈을 가지고 책을 사거나 자기에게 선물을 하는 날을 가진다. 자신에게 선물한 것을 네이버 카페에 올리게 한다. 나는 한 단계 더 나아가 투자를 하라고 권하고 싶다.

우리 딸들은 ETF나 미국 주식에 매월 10만 원 이상 투자를 하고 있다. 첫째 딸이 중학생이 되면 직접 운영하라고 할 것이다. 운동을 매일 꾸준히 하는 것은 아이들의 신체 건강과 마음의 건강까지 좋아지게 한다. 난 이것을 뛰어넘어 미래의 아이들의 가치에 투자하고 싶다. 과거의 나의 실패는 그저 실패가 아니라 아이들의 가치를 더 높이는 일이 되길 바란다. 지도자로서 12년 차인 지금, 앞으로 10년 뒤는 경제적인 면에서 더 밝았으면 한다. 아이들의 경제 습관 역시 초등학교 시절에 잡아주는 것이 가장 좋다.

내가 좋아하는 고깃집이 있다. 그곳은 예약을 안 하면 못 먹는 맛집으로 소문이 났다. 그날도 맛있게 먹고 있는 와중에 느닷없이 누군가가 인사를 건네며 악수를 했다. 졸업을 한 제자의 학부모였다. 술을 조금 하신 학부모님은 깊은 한숨과 동시에 간곡히 부탁했다. 자기 아들 좀 만나서 상담해달라는 이야기였다.

아이는 초등학교 6학년 때 특기생으로 진학을 한 후, 중학교 1학년이 된 시기에 운동을 그만두었다. 그 이유는 무릎도 아프고 싫증이 난 것이었다. 하지만 여기서 문제가 된 것은 운동을 그만하고 친구들과 매일 게임방을 가거나 논다는 것이다. 밤늦게까지 친구들과 놀고 학원은 혼나기 싫어 억지로 간다고 했다. 사실 나도 컴퓨터 게임을 굉장히 좋아하기에 답하기가 곤란했다. 그리고 게임방을 자주 갔던 시기에 제자를 본 적도 많았다. 학부모의 부탁을 들었지만 내가 할 수 있는 말이 없었다.

나도 중학교 때 운동 후 게임방에서 살았다. 그 이유는 내 주위 친구들이 다 독서실에 가는 것이 아니라 게임방을 갔기 때문이다. 그런 행동들이 당연한 것이라 생각했다. 우리는 가까운 사람일수록 그 사람의 습관을 따라 하기 쉽다. 1만 2,000명을 32년간 추적 조사한 획기적인 연구에 따르면, "비만이 될 확률은 친구가 비만인 경우 57%로 증가했다. 다른 연구들도 마찬가지다. 한 연구에서는 배우자나 애인이 살을 뺀 경우, 상대 역시 그 시기의 3분의 1 동안 체중을 감량했다. 또래 집단이 나쁘게 작용하는 것은 그 주변 집단이 안 좋은 영향을 미칠 때다.

《아주 작은 습관의 힘》에서는 "11세나 12세 때 가장 친한 친구의 아이큐가 높으면 그 사람 역시 15세 무렵에 아이큐가 높아진다"라고 했다. 타고난 지능이 그렇지 않다고 해도 주변 사람들의 자질과 행동을 흡수하게 된다. 이처럼 지금 주변에서 가장 친한 사람 다섯 명을 손꼽아보면 나는 어떤 집단에 들어갔는지 알 수 있다. 그 집단의 공통된 행동들을 살펴보면 내가 지금 어떤 상황인지 알 수 있다. 운동을 하는 집단에 들어가면 자연스럽게 나도 운동을 하고 있을 가능성이 크다. 반대로 주변에서 도서관에 가는 친구들이 있다면 나도 도서관에 갈 가능성이 크다.

학교 체육 선생님의 추천으로 한 학생이 들어오게 되었다. 보통 체격의 아이는 얼굴도 잘생기고 날렵해 보였다. 간단한 테스트를 해보았다. 순발력과 민첩성, 그리고 운동 기능을 보았는데 입이 떡 벌어졌다. '운동 소질을 타고났다는 것이 이런 것이구나'라

는 생각이 들었다. 운동을 하기 위한 밸런스와 전체적인 균형감각
도 뛰어났다.

하나님은 공평하게 사람을 만들었다는 생각을 했다. 그 아이에
게도 부족한 부분은 있었다. 바로 자신감과 집중력 부족이 심각했
다. 그리고 반에서 기초학력평가를 보았는데 평균 이하로 나왔다.
그리고 더 문제가 되었던 것은 아이도 공부할 생각이 전혀 없었
다. 운동만 좋아했기에, 아이의 부모는 이런 아이와 매일 힘겨루
기를 했다.

그래서 우리는 세 가지 60점 기준을 적용한다고 했다. 담임 선
생님 평가와 자체 선발전 점수, 인성에 대한 운동부 태도 점수 60
점이었다. 두 가지는 충족이 되었지만, 반에서 기초 학습에 대한
점수가 미달이었다. 운동을 너무 하고 싶은 나머지 담임 선생님과
상담을 통해 공부를 함께하기로 했다. 부모님은 아이가 스스로 공
부를 한다는 것에 굉장히 놀라워했다.

초등학교부터 운동은 중요하다고 말하지만, 공부는 따로 말하
곤 했다. 하지만 나의 가치를 높이는 것은 운동만이 아니다. 본질
적인 문제를 인정하고 그 문제에 바로 맞서야 한다. 옛날 방식처
럼 운동만 시켜야 성공한다는 말은 그만해야 한다. 우리나라에서
성공한 운동선수라고 할지라도 제2의 삶에서 성공했다고 말할 수
있는 사람은 드물다.

그 말은 그 후의 삶은 알아서 하라는 말이다. 준비도 되어 있지

않는 아이들에게 더 이상 우리의 잘못이 아니라고 말하면 안 된다. 우리의 잘못이기에 나부터 아이들에게 있는 그대로 보여줘야 한다. 운동으로 좋은 습관을 배웠다면 제2의 인생도 준비할 수도 있다. 예를 들어 자기가 원하는 직장에 들어간다. 그리고 취미로 자기가 좋아하는 스포츠를 하면 된다. 일본에는 우리나라처럼 특기생의 문화가 없다. 자기만의 직업이 있고, 종종 취미로 운동을 즐긴다. 직업도 열심히 하고 자기가 좋아하는 운동도 같이한다. 자연스럽게 제2의 인생 역시 그렇게 펼쳐나간다.

우리는 오후 운동을 마무리하는 시간에는 다 같이 모여 간식을 먹으며 운동 외적으로 공부를 한다. 왜 운동을 해야 하는지, 왜 공부를 해야 하는지 전문가의 말을 영상을 통해 배운다. 유튜브는 좋은 정보와 우리들이 모르는 다양한 부분을 알려준다. 운동하는 방법부터 우리가 가져야 할 자세, 그리고 여러 가지 동기부여도 해준다. 아이들을 교육하기에 너무 활용도가 좋다. 이런 교육을 듣고 항상 네이버 카페에 생각을 적곤 한다.

초등학교 시절은 운동과 공부의 기초를 다지는 기간이다. 앞서 가려고 더 멀리 가려는 것보다 지금의 위치에서 중요한 부분을 배우는 것이 중요하다. 빨리만 가는 것이 아니라 천천히 기초를 다지면서 꿈을 꾸는 삶을 살아야 한다. 부모들은 그저 빨리 남들보다 앞서가라고 한다. 하지만 나는 빨리 가는 것보다 천천히 바른 길로 가는 것이 중요하다고 생각한다.

나는 아이들과 매일 많은 변화를 이루기보다는 하루 1% 정도의 성장만이라도 만족한다. 매일 나의 비전을 이야기하고 서로 지금의 상태를 확인한다. 시작은 미약하지만, 끝은 빛날 것이다. 우리 아이들이 어른이 되었을 때 나보다 천 배, 만 배는 성공한 삶을 살 것이다. 난 그렇게 믿고 오늘도 운동과 공부, 둘 다 최선을 다하는 아이들을 지도하러 간다. 나는 아이들이 운동선수로 성공하는 것이 아닌, 박사나 교수, 사업가, 의사를 직업으로 두고, 취미로 운동을 하는 제자들이 많았으면 한다.

# 04

# 좋은 인성은
# 운동으로 만들어진다

    요즘 아이들은 인사에 대해 너무 인색하다. 인사를 어른이 먼저 해야 아이들이 인사를 받아주는 경우도 있다. 나는 아이들에게 인사에 대해 자주 이야기한다. 그리고 인사는 한번에 다 같이 하라고 한다. 따로 한 명씩 하면 받는 사람도 힘들다고 했다. 그래서 우리는 방법을 하나 만들었다. 주장이나 부주장이 선생님이나 어른을 보면 하나, 둘, 셋 구호를 외치고 아이들이 그 구호에 맞춰 동시에 "안녕하세요"라고 한다. 받는 사람도 한 번만 받아도 되고 매력도 있다. 그리고 받는 사람이 기분이 좋아진다. 다른 선생님들도 에너지를 받는 기분이 든다고 했다.

    나도 외동아들로 커서 어릴 적엔 내가 왕이라고 생각했다. 머리를 빳빳이 들고 다니며 세상을 다 가진 아이처럼 행동했다. 그러던 중, 옆집에서 할머니가 마실을 오셨다. 난 문 열리는 소리를 듣고도 할머니 옆에 누워 있다가 고막이 터질 듯 혼이 났다. 어른이 왔는데 바로 일어나서 인사를 해야지, 어떻게 누워 있냐는 것이었다. 그 이후부터 문소리만 나면 바로 일어나 있다 인사를 90도로 했다.

초등학교 4학년 때 운동을 시작했는데, 선생님이 나를 뽑은 이유가 인사성 때문이라고 했다. 할머니의 가르침으로 인사는 그 동네에서는 제일 잘했다. 운동을 지도하시는 선생님들이 공통적으로 강조하신 것이 인성이었다. 실력이 뛰어나도 인성에서 문제가 생기는 것은 그냥 넘어가지를 않았다. 특히 선생님에 대한 존중이나 운동의 태도에 대해 많은 가르침을 받았다.

나는 학교에서 가끔 속상할 때가 많다. 11년 동안 근무하면서 어른을 보고 인사를 안 하는 아이들을 굉장히 많이 보았다. 그리고 어른이 앞에 있는데 다리를 꼬고 있거나 아예 눕는 행동을 하는 경우가 있어 놀라기도 했다. 말을 안 듣고 개인 행동을 하는 아이들을 보면 굉장히 속상해진다. 처음 신입생들을 보면 굉장히 막막하다. 이런저런 예절 교육으로 엄청난 에너지가 나간다. 한 달 정도는 인성에 대해서 계속 교육하고 훈육해야 겨우 자리 잡는다. 그렇게 집중해서 교육하다 보면 일단 선생님을 존중하는 마음을 가진다. 선생님이 말할 때는 모든 동작을 멈추고 선생님을 본다. 선생님이 말하는 네는 '네'이고, 아니요는 '아니요'라고 받아들이게 한다.

예를 들어, 선생님이 운동장에서 스마트폰을 하는 것이 아니라고 규칙을 정하면 그것을 지키는 것이다. 인성은 내가 보지 않는 곳에서 더 많이 나타난다. 특히 내가 잠깐 자리를 비우는 시간이나 선생님이 아무도 없는 곳에서 자기의 본색을 드러내는 아이들이 있다. 그런 행동을 하는지 알아보기 위해 서로 간의 장단점 쓰는 시간을 가졌다. 그리고 그것을 아이들에게 읽게 해 자기의 문제점과 장점을 보며 피드백을 받는다.

아이들은 자기에 대해 깊이 보기가 어렵다. 문제는 작은 일에서 일어난다. 특히 사소한 장난에서 시작되는 경우가 많다. 우리 운동부도 매일 좋은 분위기만 있는 것은 아니다. 두 명의 아이들 사이에서 싸움이 벌어졌다. 한 명은 울었고, 한 명은 흥분 상태에서 나에게 왔다. 어떻게 된 상황인지 한 명씩 설명을 들었다. 그럴 의도가 아니었지만 장난으로 시작했다고 했다. 장난이 심해져 기분이 나쁘다고 표현했고, 표현을 심한 말로 해서 서로 감정까지 상해서 싸웠다 했다.

그런 상황이 일어나면 난 장난도 괴롭힘의 한 부분이라고 말한다. 그리고 유튜브에서 학교 폭력 사례를 보여주며 설명해준다. 장난으로 시작한 일이 폭력이 될 수 있다는 것을 말보다는 영상을 보여주며 전한다. 말이 길어지면 잔소리로 듣고 또다시 반복될 가능성이 크기 때문이다.

우리는 매일 운동이 끝날 무렵 인성교육을 실시한다. 인성교육은 세 가지 방법으로 진행하는데, 하나는 아이들과 같이 인성교육 영상을 시청한다. 두 번째는 카톡을 통해 부모님들께 인성교육에 대해 이야기하며 보낸다. 세 번째는 학원이나 빨리 귀가해야 하는 아이들을 위해 네이버 카페에 영상을 올린다.

교장 선생님의 친구인 중학교 교사 선생님의 인성교육 프로그램 자료를 이용해 교육하고 있다. 중학교에서 1년 동안 인성교육으로 보여주었더니 그 기간 동안 학교 폭력이 한 건도 발생하지 않았다고 했다. 요즘 초등학교에서 제일 어려워하는 담당 업무가 학교 폭력 담당 업무라고 한다. 빈번하게 일어나기도 하고, 인성에 대한 부모들의 교육이 부족하기 때문에 문제가 연이어 발생한다.

우리는 서로 감사의 말과 긍정적인 말을 하기 위해 네이버 카페에 감사한 일을 올리며, 서로 댓글로 응원도 한다. 운동도 혼자 하는 운동보다는 같이하는 운동을 시킨다. 운동을 처음 시작하는 아이들에게 먼저 규칙과 경기 방법에 대한 설명을 2주 정도 반복 연습한다. 운동은 하는 것도 중요하지만, 규칙과 경기 방법을 알아야 한다. 그래야 잘 지킬 수 있다. 특히 이겼을 때보다 팀원이 졌을 때 어떻게 해야 하는지 알려준다.

첫 번째는 실수한 친구에게 다가가 괜찮다고 이야기한다. 실수한 팀원은 "미안해"라고 말한 후, "다시 잘하자" 하고 자기들만의 방식으로 파이팅 구호를 외친다. 승패보다 팀원의 마음을 먼저 헤아리게 한다. 그리고 이기고 싶은 나머지 화가 난다면 10초 정도 심호흡하라고 조언한다. 그러면 호흡이 돌아오고 기분도 한결 나아진다. 누구나 이기고 싶어 한다. 하지만 도덕성이 먼저라는 것을 인식시켜주는 것을 가장 중요하게 여긴다.

두 번째는 이겼을 경우에도 겸손한 자세를 유지하게끔 지도한다. 상대방을 보고 파이팅 하는 것은 매너가 아니라는 것을 말해준다. 그리고 경기가 끝난 뒤 꼭 악수해 서로 좋은 경기를 해준 상대 팀에게 고마움을 표한다. 승리팀은 절대 상대방을 비하하거나 놀리는 행위를 하면 안 된다고 가르친다.

세 번째는 잘못을 절대 팀원의 탓으로 돌리지 않는 것이다. 패배를 하게 되는 모든 원인과 문제는 팀원 전체에 있다. 자녀의 행동에는 부모의 모습이 보이는 것처럼, 한쪽에 100% 문제가 있지는 않다. 그래서 책임을 전가하는 말보다는 내 잘못을 먼저 보는 것이다. 남의 잘못을 말하기 전에 내 잘못을 인정하고 팀원의 장점에 포인트를 맞추라고 한다. 단점보다는 장점에 중점을 두어야 팀이 강해진다.

인성은 아이들이 세상을 살아가는 데 꼭 필요한 부분이다. 아이들이 스포츠 쪽이나 사회적으로 성공하게 되었을 때, 학창 시절에 인성이 좋지 않았다면, 그것으로 문제가 생기는 경우가 있다. 얼마 전, 여자 프로 배구선수이자 국가대표 쌍둥이 자매의 학교 폭력으로 인성에 대한 뉴스가 연일 쏟아졌다. 실력보다 인성에 있어서 국가대표를 만들어야 한다.

그런데 아이의 인성도 중요하지만, 부모의 인성도 같이 커가야 올바른 인성을 만들 수 있다. 사회로 나가는 우리 아이들은 인성에서부터 100점짜리 아이들로 만들어야 한다. 실력은 본인이 하고자 하는 욕심과 의욕만 있으면 언제든지 올라갈 수 있다. 하지만 인성은 스스로 생성되는 것이 아니다. 교육과 운동을 통해 배우고 노력해야 비로소 자기 것이 된다.

우리는 사건 사고가 터지고 나서야 비로소 불을 끄려고 한다. 초등학교에서부터 인성을 먼저 교육하는 문화 시스템이 만들어지길 바란다. 최근 학교와 가정 내 인성교육이 제대로 이루어지지 않아 애를 먹는 교사들이 많다고 한다.

나와 같은 지도자들이 많아져 도덕성과 인성이 하나가 되는 아이들이 많아졌으면 한다. 그리고 더 많은 아이들이 꾸준한 운동으로 좋은 인성과 공부 실력을 겸비한 아이들로 성장하길 바란다.

# 공부만 하는 아이로
# 키우지 마라

사교육을 시키는 부모들이 점점 더 늘어나고 있다. 사교육이 과하다는 말은 주위에서 귀가 따가울 정도로 많이 듣는다. 거기다 사교육을 받는 연령대가 점점 더 어려지고 있다. 한 조사에 따르면, 우리나라 만 5세 아동 열 명 중 여덟 명, 만 2세 아동 열 명 중 세 명 이상이 사교육을 받고 있는 것으로 나타났다. 일부는 일과의 1/4을 사교육으로 보내는 경우도 있었다.

이제는 대부분의 아이들이 초등학교를 들어가기도 전에 사교육을 시작한다. 아이가 무슨 잘못이 있다고 마음껏 뛰어다닐 시기에 의자에 앉아 하루 종일 공부를 해야 하는가. 이러한 세태가 굉장히 놀라울 따름이다.

내내 의자에만 앉아 있던 아이들은 나와 운동을 함께 즐기며 굉장히 좋아한다. 딱딱한 의자에서 벗어나 운동화를 신고 마음껏 뛰는 장소가 학교에 있다. 운동을 하러 아이들이 유일하게 본인 스스로 찾아오는 곳이 아닐까 한다. 물론 나도 부모의 불안한 마음을 이해 못하는 것은 아니다. 하지만 이제는 우리 부모가 인식을 바꿔야 아이들이 행복하게 살아갈 수 있다.

동기들보다 운동을 조금 늦게 시작한 아이가 있었다. 약간 통통한 신체 조건을 가진 아이였는데 운동을 해보겠다고 나를 찾아왔다. 아이에게 운동을 시키고 싶은데 학원 시간과 운동 시간이 맞지 않았다. 그래도 하고 싶은 마음이 있다고 해서 학원이 끝나는 시간에 잠깐씩 와서 운동을 하라고 했다. 하지만 운동의 기량은 둘째치더라도 진도를 못 맞추다 보니 계속 뒤떨어지는 것이 보였다. 수업 중에 제일 핵심인 2~3교시를 계속 빠지는 그런 느낌이었다.

기존의 아이들과 진도를 맞추려 해도 조금만 있으면 또 떨어졌다. 운동을 더 하고 싶어 하는 아이의 마음을 헤아려 아이의 부모님과 상담을 하게 되었다. 돌아오는 답은 여전히 학원을 포기할 수는 없다는 것이었다. 부모의 조종대로만 아이가 움직이는 그런 모습이었다. 운동 실력의 격차는 점점 벌어져 아이는 초등학교 6학년이 되자 운동을 그만하겠다고 했다.

대부분의 부모들이 아이에게 학원을 한 개 이상 다니게 한다. 그러다 보니 운동을 시작하면 기존에 다녔던 학원을 포기하지 못한다. 불안한 마음이 있기 때문이다. 요즘은 학원을 안 다니면 이상한 아이 취급을 받을 정도다. 하지만 공교육이 맞다, 사교육이 맞다 하는 논쟁보다는 내 아이가 무엇을 가장 원하는지가 중요하다.

학원을 통한 선행학습보다는 실제 아이가 현재 학년 수준에 맞게 학습 결손이 생기지 않는 것이 중요하다고 전문가들은 말한다. 과유불급이라는 것이 초등학교 시기에 딱 알맞은 말이 아닐까 생각한다. 중간만 가더라도 아이들은 정말 잘하는 것이다. 너무 지나치게 앞서간다면 학교 공부에 흥미를 잃어버릴 수도 있다. 사교육도 나쁘다고 말할 수 없고, 공교육에만 의존해 공부를 시킬 수도 없는 부모의 마음도 이해가 간다.

하지만 전문가는 학교에서 정규 수업만 충실히 듣는다면 충분하다고 말한다. 그리고 충실히 과제를 한다면 그것으로 아이들은 충분히 학습된다고 덧붙인다. 학교는 공부하는 방법을 알려주지만, 학원은 문제 풀이만 해준다. 우리 아이들은 문제 풀이만 하는 것보다는 공부하는 방법을 먼저 배워야 한다.

운동하는 아이들 중에는 형제가 같이하고 있는 아이들이 많다. 형이 먼저 시작해 동생도 좋아서 시작하는 경우가 많다. 이 경우, 나는 부모의 역할이 크다고 생각한다. 시켜보지 않은 부모들은 엄청나게 불안해하며 보낸다. 하지만 운동을 시켜보았더니 공부도, 운동도 다 가능하다는 것을 깨닫게 된다. 한번 운동을 시켜본 부모들 중에는 학원을 안 보내는 경우도 많다. 그도 그럴 것이 아이의 성격이 활발해지고, 체력도 좋아져 의자에 앉아서 버틸 끈기가 생겨 공부 집중도가 상승한 것이다. 그리고 대회 경험으로 자신감이 강한 아이로 성장한 것이다.

다른 아이들과 다르게 아이를 학원에 보내지 않는 학부모의 생각이 궁금해져서 전화 상담을 하게 되었다. "어머님, 학원을 하나도 안 보내는 이유가 있나요?"라고 물었다. 아이의 부모는 "학교 공부로도 충분히 잘 따라가고 있다고 생각해요. 굳이 필요하면 아이가 배우고 싶어 할 때, 그때 보낼 생각이에요"라고 말했다. 사교육도 학교 진도를 못 따라갈 경우에는 필요하다고 생각한다. 하지만 '옆집에서 보내니 나도 보내야지' 하며 무작정 아이를 학원에 보내 시간 낭비, 돈 낭비를 하는 부모들이 많다.

많은 부모들이 아이가 운동을 함으로써 인성과 인내심과 도전정신, 그리고 스포츠맨십이 향상되는 것에 만족했다. 하지만 처음 운동을 시작하는 아이들의 부모님은 아직도 운동을 하면 공부를 못한다고 생각하는 분들이 많다. 이러한 인식이 뿌리 깊게 박혀 있어 쉽게 생각을 바꾸지 않는다. 부모 세대도 사실 체육이 사라진 학교에서 학창 시절을 보냈기에 운동을 시키는 것을 꺼리는 것이다. 운동은 공부에 전혀 도움이 되지 않는다고 생각한다.

난 요즘 첫째 딸과 자주 이야기한다. 아내가 아이 스스로 하리라 믿었는데 딸이 전혀 공부를 하지 않는다고 했다. 공부 때문에 힘들어하는 딸을 대신해 난 아내와 긴 대화를 했다. 그리고 강제로 시키는 것이 왜 나쁜지에 대해 이야기했다. 결국 아내는 한 발 뒤로 물러났다. 딸은 이상 행동도 보이지 않았고 신나게 놀았다.

그런 모습을 계속 보고 있자니 아내는 다시 불안해했다. 그런 모습을 지켜보면서 다시 첫째 딸에 대한 회의를 했다. 결국 일단 우리는 딸을 믿어주고 변화하는 시간을 주기로 했다. 그리고 모두 모여 딸에게 지금의 상황을 진솔하게 이야기했다. 딸은 지금의 상황에 만족한다고 했고, 우리는 딸에게 바라는 상황을 설명했다. 딸도 아내의 변화를 인정했고, 스스로 생각하는 시간을 가졌다.

최근 자녀 지도에 애를 먹는 부모들이 많다. 주위의 시선에 내가 지금 잘하고 있는지 불안해하는 부모들도 많다. 초등학교 때는 정말 마음껏 뛰어노는 것이 맞는 것인지 의심스럽다. 학교에서 하는 공부만으로는 무언가 부족한 것 같은 불안감도 몰려온다. 그러다 보니 이곳저곳을 다니며 좋은 정보를 가져와 아이들에게 적용한다. 하지만 자녀 교육에 완벽한 지침서는 없다. 그리고 아이들은 실험대상이 아니다. 육아 전문가에 따르면, 학습에 대한 지식이 부족한 부모는 차라리 아무것도 안 하는 것이 오히려 자녀에게 도움이 된다고 조언한다.

내가 자주 보는 유튜브의 임 작가는 서울대학교를 나온 사람이다. 초등교육에 있어서는 학습 결손만 없다면 큰 문제가 없다고 했다. 초등학교 4학년이면 해당 학년에 맞는 학습이 되어 있다면 크게 문제될 것이 없다고 했다. 공부보다는 운동으로 꾸준히 체력과 도덕성을 키우고, 사회에 필요한 인성을 배운다면 앞으로의 삶의 방향을 잡는 데 큰 도움이 된다. 부모로서 아이에게 가장 좋은 지도는 자신이 본보기가 되는 것이다. 더 이상 사교육에 시간과 돈을 허비하지 않았으면 한다.

우리 아이들의 도덕과 체육을 위해 초등학교에서부터 전 세계의 교육 선진국들이 선택하는 스포츠를 택해야 하지 않을까 생각한다. 오직 공부만 하는 편협한 책벌레가 아니라 인성과 회복탄력성이 강한 아이로 성장하게 해야 한다. 우리는 협동심을 가지고 문제를 해결하는 집단 지성을 고루 갖춘 리더를 키워야 한다. 학교에서 스포츠를 통해 서로 소통하고 협력할 줄 아는 아이로 키워나가야 한다.

우리는 이미 답을 알고 있다. 하지만 많은 대학교수나 정치인들이 문제를 제기할 때마다 잠깐 관심을 기울이는 척하다가 그대로 등을 돌린다. 우리는 계속 미루고 또 미루고 있다. 초등학교 운동이 얼마나 사회의 큰 변화를 가져오는지 알면서도 정작 운동 시설과 환경은 그대로다. 학교의 지도자들은 점점 일자리가 줄어든다.

이제 공부와 운동은 함께 가야 하는 교육 문화로 자리 잡아야 한다. 새로운 출발이 아니다. 새로운 도전이 아니다. 학교 폭력과 중2병의 근본적인 원인은 과도한 입시 교육과 스트레스를 풀 수 있는 곳이 없다는 데 있다. 아이들은 오늘도 부모의 등쌀에 못 이겨 학원으로, 공부방으로 향한다. 아이들의 문제보다 부모의 교육이 먼저다. 아이들의 문제는 오래전부터 거론되어져 왔지만, 부모들을 위한 교육은 아직도 여전히 터무니없이 부족하다.

# 06

## 운동은 공부 못하는 아이가 한다는 선입견을 버려라

"공부 못하니깐 운동이라도 열심히 해"라는 말을 들으면 당장 달려가 한 대 때려주고 싶다. 나는 오히려 반대로 말해야 한다고 생각한다. 운동은 공부를 더 잘하게 하는 도구다. 신체와 뇌는 연결되어 있다. 이는 파킨슨병이나 무도병과 같은 운동 장애도 대부분 인지적이고, 정서적인 손상을 함께 동반하면서 손상되는 것만 봐도 알 수 있다. 뇌는 새로운 자극을 만나면 새로운 신경세포가 만들어지며 발달한다. 운동과 다양한 활동을 통해 새로운 체험을 하는 것은 뇌 발달에 굉장히 좋다고 한다.

신입생을 선발하던 중, 다른 아이들은 다 뽑은 상태에서 두 명의 아이들을 테스트하게 되었다. 대부분의 아이들은 박자감을 잃고 헛스윙을 많이 한다. 그런데 이 두 명의 아이들은 스텝과 몸을 잘 활용해서 공을 치는 것이었다. 정확히 공을 맞춘다는 것은 박자 감각이 있다고 할 수 있다.

테스트를 마치고 이야기를 해보니 한 명은 이미 육상을 하고 있다고 했다. 그래도 내일 2차가 있으니 테스트해보고 싶다면 오라고 했다. 육상하는 아이는 안 올 줄 알았는데 그다음 날 웃으면서 들어왔다. 1차는 제자리에서 보았다면, 2차는 움직이는 동작이었다. 한 단계 더 업그레이드된 동작이라 공의 방향 감각도 필요했다. 2차에서는 3분의 1정도가 탈락했다. 앞에 이야기한 두 명의 아이들은 가볍게 고득점으로 2차까지 합격했다.

공부를 잘하려면 가장 필요한 것은 체력이다. 체력은 그냥 앉아 있는다고 생기는 것이 아니다. 체력은 최대 심박수를 이용해 강한 운동으로 심장에 자극을 가해야 올라가는 것이다. 그뿐만이 아니라 운동은 뇌의 기억력을 돕는다. 하루 30분 운동으로 뇌의 해마 기능이 증가한다고 한다. 해마는 학습과 기억 및 새로운 것을 인식하게 하는 등의 역할을 한다. 그리고 운동을 하는 아이들은 전두엽이 커져 뇌가 효율적으로 빠르게 처리하는 능력을 가지게 된다는 연구도 있다.

신경과학자인 마누엘라 마케도니아(Manuela Macedonia)의《유쾌한 운동의 뇌 과학》에서는 "운동은 아이들의 해마를 키우고, 그로 인해 해마의 능력 또한 좋아진다"라고 했다.

초등학교 시기에 운동을 하는 것이 굉장히 중요한 것은 이러한 이유에서다. 하지만 부모들의 생각은 고정관념에 의해 쉽게 변하지 않는다.

　고학년 중 운동을 하고 싶어 찾아온 학생이 있다. 같은 반 친구가 하는 것을 보고 온 학생은 누가 보아도 몸치라고 느껴졌다. 그래도 운동을 좋아하는 모습에 조금 더 시켜보기로 했다. 하지만 많은 노력에도 불구하고 아이의 운동 신경은 좋아지지 않았다. 그리고 학원 때문에 중간에 빠지는 시간이 많았다. 작은 행동에도 넘어지는 경우가 많아 쉽게 다치기까지 했다.

　아이의 학습 태도는 굉장히 낮았다. 그러다 보니 운동하는 중에도 집중하는 모습보다는 친구들과 수다를 떨기 바빴다. 다른 아이들의 훈련까지 방해되는 경우가 많았다. 힘든 운동을 하라고 시키면 부모님의 핑계를 대는 일도 잦아졌다. 집중하지 않는 수업 태도와 불성실한 행동으로 여러 번 경고를 했음에도 무시하고 좋아지지 않는 상황에서 결단을 내려야 했다.

　운동이 끝난 후 아이를 직접 불러 설명했다. 내일부터 운동을 그만 나오라고 통보했다. 그러자 그 아이는 그 말이 기다렸다는 듯 "알겠습니다" 하고 가버렸다.

　공부도, 운동도 공통된 한 가지가 있다. 배우려는 자세가 없는 아이들을 지도하는 것이 제일 어렵다는 것이다. 배우려는 자세만 가져도 반은 성공이다. 운동이나 공부는 못할 수도 있다. 하지만 배우려는 자세가 없는 것은 모든 것에 방해되는 경우가 많다. 운동과 공부, 둘 다 실력을 향상시키기 위해서는 재미보다는 재미없는 부분을 연습해야 하는 경우가 많다.

운동을 예로 들면 기초 체력을 키우려면 일단 뛰어야 한다. 그냥 뛰는 것이 아니라 심장이 터질 듯이 뛰어야 한다. 매일 반복적으로 자기의 한계를 넘어야 한다. 처음 뛰는 것은 할 수 있지만 매일 그것을 참고 뛰는 것은 힘들다. 그러나 그렇게 해야 비로소 조금씩 체력을 향상시킬 수 있다.

공부 역시 하루, 이틀 공부한다고 실력이 바로 향상되지 않는다. 매일 꾸준히 외우고 쓰고 풀어야 한다. 이러한 행동과 학습이 모여 실력이 조금씩 향상된다. 재미만 있는 그런 운동과 공부는 없다. 피나는 땀과 노력이 있어야 하는 것이다.

감독 선생님의 추천으로 들어온 아이는 차로 30분 거리에서 학교를 다니는 아이였다. 그런데 아침에 운동을 너무 하고 싶어 해 아이 때문에 가족 전체가 학교 근처로 이사를 왔다. 운동을 왜 시키는지 궁금해 아이의 부모님께 상담을 요청했다. 선생님으로 근무 중인 아이의 부모는 어릴 적 육상을 한 경험을 말하면서 운동의 중요성을 몸소 체험했기에 그 중요함을 안다고 말했다. 3학년이었던 그 학생은 활기차면서 당찼다. 처음에는 장난기가 가득한 아이었지만, 시합을 거듭하면서 어느새 승부에 진지한 어엿한 선수가 되어가고 있다. 형들과 시합을 하면 승부욕이 형들 못지않게 불타오른다. 아이들에게는 선의의 경쟁자만큼이나 열심히 하게 만드는 동기부여 요소는 없다.

학교마다 한 개나 두 개 정도의 운동부가 있다. 그리고 그 외에 방과 후 프로그램이나 스포츠클럽이 있다. 우리 학교에도 아침에 방과 후 프로그램으로 축구와 배구, 배드민턴이 있다. 그리고 운동부는 씨름부, 소프트테니스부가 있다. 군에서는 유일하게 있는 종목이다. 그래서 우리 학교 아이들에게 매년 씨름과 소프트테니스를 경험하는 프로그램을 진행한다. 나는 매년 수업할 때 아이들에게 학교 내에 테니스코트를 가진 학교가 많이 없다며 행운이라고 이야기한다. 그리고 이런 운동을 할 수 있는 기회를 가진다는 것은 좋은 추억이라고도 말한다. 대부분의 아이들이 수업 전과 후의 반응이 다르다. 하기 전에는 재미보다는 어렵다고 생각하지만, 실제 해본 아이들은 정말 재미있어하며 흥미를 느낀다. 그러다 보니 수업이 끝날 때면 항상 운동을 하고 싶은데 어떻게 하면 할 수 있냐고 질문한다. 나는 이런 질문이 참 곤란하면서 미안하다. 다 운동을 시키고 싶은데 받아줄 수 있는 인원의 한계가 있기에 다 시키지 못하는 내 마음도 사실 안 좋다.

우리나라의 운동 문화는 잘못되었다. 이런 이야기가 나오는 것은 스포츠 강국으로서 반성해야 하는 부분이다. 교육은 중요시하면서 운동의 중요성은 왜 간과하는지 모르겠다. 운동을 하면 좋은 것이 있어야 부모들도 시킨다. 하지만 운동을 한다는 것만으로는 우리나라에서 딱히 좋은 것이 별로 없다. 우리 어른들이 인정해야 한다. 운동을 한 사람만이 느낄 수 있고 정부와 교육 공무원들은 운동의 중요성에 대해 그렇게 심각하게 생각하지 않는다.

더 이상 아이들을 허약한 채로 방치하지 말고 운동과 공부를 둘 다 함께할 수 있는 문화가 조성되길 바란다. 나의 제자들이 "공부하니깐 운동도 잘하는구나. 운동하니깐 공부도 잘하는구나"라는 말을 듣고 자라길 바란다.

# 최고의 운동 코치는
# 부모다

　11년 전, 처음 초등학교 코치로 왔던 때를 아직도 잊지 못한다. 새 학기가 시작되면 신입생들을 선발한다. 3~4학년 체육 수업 시간에 남학생들에게 소프트테니스에 대해 알려준다. 그리고 공을 치게 하고, 기량이 있는 아이들을 대상으로 선발한다. 그렇게 선발된 학생들은 부모의 허락을 받아야 한다. 대부분의 부모들은 운동을 안 시키려고 한다. 비인기 종목은 특히 더 그렇다. 그런데 아이들은 너무 재미있다 보니 온갖 방법으로 부모의 동의를 얻어 시작한다. 아이들은 보통 2~3주 정도는 재미있게 한다.

　하지만 본격적으로 기초 훈련을 시작하게 되면서 아이들은 금세 재미와 흥미를 잃어버린다. 기초 체력을 키우기 위해 뛰거나 근력 훈련을 하면 굉장히 힘들어한다. 아이들은 훈련을 한 후 집에 가면 힘들다고 부모님에게 하소연한다. 다리가 아프다는 등 힘든 상황을 말하면 부모들은 그다음 날 나에게 바로 연락한다. 아이가 너무 힘들어한다고 운동을 그만 시키겠다고 한다. 문자 하나가 끝이다. 어떤 답장을 하지 못 하게 하는 문자다. 왜 '공부는 그만하겠습니다'라고 하지 못하면서 운동은 바로 그만하겠다고 말하는 것일까?

운동을 할 때 지도자가 선수에게 제일 중요시하며 가르치는 것이 도덕성이다. 규칙과 코치 선생님에 대한 존경심과 예의가 첫 번째다. 모든 운동부의 지도자들을 보면 인사와 도덕성을 강조한다. 예의가 없다는 것은 운동으로 크게 성공하지 못한다는 말과 같다. 실력이 월등하지만 도덕성에 문제가 있다면 선수 생활을 하는 데 큰 걸림돌이 된다. 토트넘의 손흥민 선수는 실력도 뛰어나지만, 도덕성으로 평가했을 때도 최고의 찬사를 받는다. 손흥민 선수가 그렇게 뛰어난 도덕성을 가진 것은 그의 부모님이 훌륭하신 분일 가능성이 높다. 자라온 환경이 중요하기 때문이다. 성실하고 가슴이 따뜻한 면이 그에게서 보인다는 것은 부모의 모습도 그렇다고 할 수 있다. 콩 심은 데 콩 나고 팥 심은 데 팥 나기 마련이다. 그렇기 때문에 대부분의 문제는 아이보다는 부모의 문제일 경우가 많다.

앞의 사례만 보더라도 이는 아이의 꿈을 무시하는 경우다. 부모가 마음대로 결정하는 것이 아니라 아이가 운동하는 모습을 직접 보고 아이의 심리 상태와 몸 상태를 살펴본 후, 아이와 이야기해 보고 결정하는 것이 현명한 부모다.

중학교에 진학하는 과정에서도 학부모들에게 많은 전화가 온다. "우리 아이가 중학교 특기생으로 가도 되는지요?" 이런 질문은 사실 적절하지 않다. 요즘은 대부분의 대회가 주말에 열리기에 부모들은 얼마든지 아이의 경기를 볼 수 있다. 경기가 없다면 학교에 나와 아이의 연습경기를 볼 수도 있다.

아이의 미래가 달린 문제를 지도자인 나 혼자서 결정한다는 것은 사실 맞지 않다. 부모와 아이의 생각이 제일 중요하다. 내가 조언을 굳이 해주자면 공부는 절대 놓치지 말라는 것이다.

초등학생들을 지도하면서 전국소년체전 2년 연속 금메달을 목에 걸었던 해가 있다. 그럴 수 있었던 것은 옆 학교의 탁월하고 뛰어난 지도력을 가진 코치 선생님과 감독 선생님 덕분이었다.

옆 학교의 코치 선생님은 아이들이 운동하는 모습을 오픈해 편하게 볼 수 있는 환경을 만들어서 부모님들은 평일이든, 주말이든 시간이 나면 아이들이 어떻게 운동하는지 살펴보러 오신다. 일반 대회가 열리면 따라와 응원도 같이한다. 그런 모습을 보며 열정이 대단하다고 생각했다. 그중 한 학생은 중학교, 고등학교를 특기생으로 진학했다. 그 아이의 부모님은 운동을 시키기 위해 이사까지 했다.

고등학교 때도 시합장을 따라다니며 관람하고 동기부여도 확실히 하셨다. 그 친구는 결국 공주대학교 특기생으로 스카우트되었다. 초등학생 때 시작한 네 명의 아이 중 유일하게 운동을 끝까지 하고 있다. 나는 그 모습을 보며 부모가 어떻게 지지하느냐에 따라 아이의 장래도 달라질 수 있다고 생각했다. 운동으로 진학을 하느니, 마느니 하다가 결국 다른 세 명은 중학교 때 운동으로의 진학을 포기했다.

아이들은 무엇을 하든 언젠가는 장애물을 만난다. 그 장애물이 장애물이라고 일찌감치 판단하고 어떻게 헤쳐나갈 것인지 대비하면 한결 쉽다. 하지만 부모가 아이에 대해 아무것도 모르고 있으면 장애물에 넘어져 그대로 주저앉게 되는 경우가 많다. 모든 일에는 좋은 날도 있고, 안 좋은 날도 있다. 아이들에게는 주위에 마음을 흔들리게 하는 것이 너무도 많다. 게임과 친구들, 그리고 피시방과 같은 장애물이 무수히 많다.

아이들이 재미있게 운동할 때는 아무렇지 않다. 장애물은 운동이 재미가 없거나 흥미가 떨어질 때 찾아온다. 특히 방학 때 친구들은 놀러가는데, 자기는 운동해야 하는 상황이 오면 흔들린다. 처음에는 거짓말이나 다른 핑계로 빠진다. 그러다 잦은 거짓말과 핑계로 운동을 포기하는 경우가 많다. 그럴 때 부모의 역할이 굉장히 중요하다. 현명한 부모라면 코치 선생님과 상의 후 아이가 최선의 선택을 할 수 있게끔 해야 한다. 지도자는 무조건 운동을 다시 시킬 것이라 생각하겠지만, 반드시 그렇지는 않다.

아이들이 그저 잠시 방황하는 것인지, 또는 진짜로 자기가 하고자 하는 것이 뚜렷하게 있는 것인지 먼저 확인한다. 자신이 가고자 하는 방향이 뚜렷하다면 아이는 절대 거짓말로 피하지 않는다. 오히려 당당하게 말한다. 방황하는 아이들은 잠깐 놀았다가 다시 제자리로 온다. 하지만 그것을 모르는 부모는 오히려 잘된 일이라며 그냥 운동을 그만두게 한다. 이렇게 그만두게 되어 다른 취미를 가지거나 공부하면 다행이지만 대부분 방황을 한다. 나도 그런 경험을 한 사람으로서 부모들이 조금 더 현명한 판단을 했으면 한다.

6학년의 한 아이는 아버지와 단둘이 지낸다. 학교에서 굉장히 가까운 곳에서 살았는데, 어느 날 갑자기 운동을 안 하고 싶다고 했다. 그래서 상담했더니 야구를 시작하겠다고 했다. 아버지의 허락도 받고, 글러브까지 산 상태였다. 벌써 야구 선수가 된 사람처럼 들떠 있었다. 나는 다시 물었다. "선수를 하려고 그러는 거니? 아니면 취미로 하려는 거니?" 아이는 당당히 선수가 될 것이라고 대답했다. 나는 야구의 대한 정보가 많이 없어 주위 코치 선생님의 도움으로 테스트를 볼 수 있게 날짜를 잡았다.

그 아이와 함께 가서 상황을 이야기하고, 아이의 테스트를 부탁했다. 선수로서 성장 가능한지 솔직하게 이야기해달라고 했다. 한 30분 정도 테스트 진행 후, 아이와 상담을 했다. 지도자로서 솔직한 이야기를 아이에게 말해주었다. 아이는 선수로서는 안 되고 취미반으로 등록은 가능하다는 말에 그냥 집으로 돌아왔다. 그렇게 다시 나와 함께 운동을 열심히 했다.

우리는 살아가면서 수많은 유혹을 받는다. 내가 이 길로 가는 것이 의심될 때도 있고, 가면서도 불안한 감정은 숨길 수가 없다. 미래에 대한 불확실성은 누구나 가지고 있다. 특히 청소년 시기에 친구와 어울리다 보면 유혹이 많다. 그리고 주위에는 공부보다는 게임과 스마트폰을 하는 친구들이 더 많다. 그러다 보니 운동은 점점 재미가 없어지고 주위에서 시선을 사로잡는 1차적인 것에 집중한다. 부모는 집에서만 아이를 보기 때문에 교실에서의 모습과 운동을 할 때의 모습 등은 직접적으로 보기 힘들다. 학교에서 함께 보내는 시간이 많은 담임 선생님이나 운동부의 지도자가 더 정확하게 알고 있다.

집에서만 아이를 지켜보는 것은 사실 아이의 1/10만 보는 것과 같다. 그런 부분을 인식하고 아이와 많은 시간을 같이한 사람이 누구인지 파악할 필요가 있다. 나는 항상 아이들이 운동하는 모습과 아이들의 상황을 네이버 카페를 통해 올린다. 그리고 부모와의 소통을 통해 문제점이 있으면 바로 해결하려 한다. 그리고 아이들이 학교에서 어떤 운동과 어떤 활동을 하는지 알린다.

좋은 부모는 아이를 키울 때 공부와 운동을 조화롭게 시킨다. 그리고 부모의 생각을 숨기는 것이 아니라 소통을 통해 해결하려 한다. 소통하면 어려운 문제도 해결할 수 있다. 부모, 아이, 지도자의 소통은 아이를 크게 성장하게 할 수 있는 길이다. 소통과 대화가 없다면 아이의 문제는 점점 더 커질 것이다. 아이들이 꾸준히 운동할 수 있으려면 부모와 지도자가 협력해야 한다.

지도자와 부모가 서로 협력하면 우리 아이들이 더 건강하고 더 좋은 환경에서 공부하고 운동할 수 있다. 부모는 지도자에게 다 넘길 것이 아니라 아이가 가정에서 안전함을 느끼도록 노력해야 한다. 공부와 운동의 즐거움을 동시에 줄 수 있는 우리나라 학교 문화가 조성되길 바란다.

# 08

# 평범한 아이에서
# 단단한 아이로 키워라

평범함을 넘어 약한 나의 의지를 불태워준 것은 운동이다. 체구도 작고 힘도 없던 탓에 나만의 무기를 장착해야겠다는 생각을 했다. 초등학교 시절 내게 운동은 체력 운동이라기보다는 재미에 불과했다. 동기들이 네 명이나 있었는데, 나 혼자만 특기생으로 진학했다. 나의 선택은 굉장히 무모했기에 지금 생각해도 이해가 가지 않는다. 왜냐하면 우리 동네에서 특기생으로 진학하려면 버스를 타고 1시간을 가야 했기 때문이다. 그래서 다른 친구들은 운동으로 진학하기가 두려웠다고 했다.

나는 중학교에 진학하면서 관사에 들어가 한 명의 선배와 같이 생활했다. 본격적으로 운동을 배운 것은 중학교 때부터다. 겨울이 되면 운동장 옆의 산을 뛰는 게 일과였다. 그러면서 자연스럽게 하체에 근육이 붙고 체력이 늘었다. 중학교 때 운동을 하면서 키도 급성장했다. 키의 70% 이상이 중학교 때 컸다. 지금의 나를 있게 해준 그때의 감독 선생님과 코치 선생님에게 감사하다.

그리고 그 당시 굉장히 무모했던 나를 칭찬하고 싶다. 평범하게 살아갈 수 있었지만, 운동이라는 도전을 시도했기 때문이다. 넘어지기도 하고, 방황하기도 했다. 수많은 장애물 속에서도 다시 넘을 수 있는 용기는 운동에서 배운 자신감이었다. 나의 미래는 성공한 지도자이자 강사이며 작가다. 그리고 나 자신이 100억 원 부자가 될 수 있을 것이라 믿는다.

이러한 강한 의지는 운동에서 배운 도전하는 정신 덕분이다. 단단하다 못해 철갑을 두른 지금의 나는 행복하다. 평범한 삶이 아닌, 누군가의 리더이자 나로 인해 삶의 변화를 가져올 아이들을 생각하며 힘을 낼 수 있다.

아이들의 방황의 시기를 줄이기 위해 노력하고자 결심했다. 또 한 번의 무모한 도전이라고 할 수 있다. 카멜레온처럼 어느 환경에서든 적응하는 아이들로 키우고 싶다. 평범함을 넘어 운동도, 공부도 잘할 수 있는 아이로 키우고 싶다. 공부를 잘하는 아이들이 운동도 잘한다. 운동을 하면 삶이 풍요로워진다. 평범함을 넘어 세계 최고의 자리에 오를 제자들이 나올 것을 믿어 의심치 않는다.

지도자가 된 첫날 아이들과 대면식을 했다. 그중 유달리 삐쩍 마르고 키가 큰 아이가 있었다. 툭 치면 금방이라도 쓰러질 거 같은 느낌의 아이였다. 나는 스물여섯 살에 지도자 생활을 시작했다. 그 어떤 것도 무서울 게 없었다. 많은 것이 부족했던 그 당시의 나는 무작정 몸으로 했다. 일단 뛰고 일단 연습했다. 그런데 아이들의 자신감은 어딘가 부족해 보였다. 그도 그럴 것이 체력 훈련을 그렇게 강하게 한 적이 없다고 했다. 첫 대회의 경험은 나에게도 동기부여를 해주었다.

실력은 있는데 자신감과 체력이 부족했다. 우선, 하체 강화 훈련을 통해 기초를 탄탄하게 해야 했다. 운동장 쪽에 계단이 있는데 꽤 높았다. 제일 먼저 이 계단부터 뛰기 시작했다. 그리고 그때 관사를 쓰고 있던 나는 겨울방학 때 여섯 명의 아이들과 같이 합숙을 했다. 그러면서 하체 쪽과 멘탈 강화 훈련을 통해 기초와 자신감을 키우는 데 집중했다. 삐쩍 마르고 뼈밖에 없는 아이도 어느새 몸의 균형을 찾아 탄력 있는 몸이 되어 있었다.

초등학교에 다니면서 공부를 안 하는 아이들은 없다. 학원에 안 다니는 아이도 거의 없다. 되도록 모두와 같이 평범하게 지내려고 한다. 이런 환경에서는 살짝만 튀어도 친구들의 따돌림이나 외면을 받기 일쑤다. 그런 세상 속에서 아이들이 살아가기 위해서는 자존감이 강해야 한다. 앞의 아이들은 그해 전국소년체전이라는 아주 큰 대회에서 금메달을 목에 걸었다. 평범한 삶에서는 찾아볼 수 없는 일이다. 전국소년체전은 평생 살면서 다섯 번의 기회밖에 없다. 초등학교 5, 6학년, 그리고 중학교 1, 2, 3학년 때밖에 없다.

큰 대회에서 전국 1등을 하는 경험을 살면서 몇 번이나 할 수 있겠는가? 이런 경험은 죽을 때까지 기억에 남게 되어 인생을 살아가면서 다른 어떤 것에 도전할 때 대단히 큰 도움이 된다. 무엇인가에 도전한다는 것은 굉장한 큰 용기가 필요하다. 용기는 할 수 있다는 것에서부터 시작된다. 자존감이 강한 아이들은 "할 수 있다"는 말이 입에서 먼저 나온다.

성격이 밝고 무엇이든지 긍정적인 아이가 있다. 성격이 너무 좋아 체육 선생님의 권유로 운동을 시작했다. 하지만 평상시 체력이 약해 코피가 자주 났다. 부모님도 아이가 수시로 코피가 나서 운동을 계속해도 되는지 고민이 많은 듯했다. 나는 딱 세 달만 나를 믿고 맡겨달라고 했다. 그 아이에게는 운동 기량도 있고, 순간 스피드도 있었기 때문이다.

단지 체력과 힘이 부족할 뿐이었다. 매일 작은 무게부터 들게 했다. 그리고 왕복 오래달리기와 줄넘기를 시켰다. 한 3주 정도를 기초 체력을 올리고 대회에 출전했다. 전보다 체력이 많이 올라온 모습이 경기에서도 보였다. 부모님도 경기를 참관했는데 전과 비교해 아이가 단단해졌다고 좋아하셨다.

아이가 5학년이 되고 체력을 강하게 올릴 수 있는 계기가 생겼다. 전국소년체전을 뛰게 된 것이다. 그러면서 한 달간의 합동 훈련을 통해 아이는 자신의 한계점을 돌파하기 시작했다. 동시에 키와 전체적인 몸이 아주 단단해졌다. 그렇게 전국소년체전에 출전해 금메달을 목에 거는 영광을 누렸다.

부모가 아이의 체력이 약하다고 바로 운동을 그만두게 했다면, 과연 어떤 아이로 성장했을까? 허약하고 병을 달고 사는 아이가 되었을 것이다. 요즘 부모들은 아이가 약하다고 운동을 안 시키고, 불안하다고 안 보낸다. 하지만 이러한 부모의 마음부터 바꿔어야 한다. 아이가 약하면 강하게 만들어야 한다. 의지가 약한 아이로 자라게 해서는 안 된다. 의지가 약하면 강하게 하는 방법을 찾아야 한다. 평범한 아이들이 아니라 부모가 평범한 아이들로 키우고 있는 것이다.

많은 아이들이 집 밖을 안 나오려고 한다. 움직임 없이 오직 스마트폰과 컴퓨터 앞에 앉아만 있다. 모니터에서 나 대신 캐릭터가 운동을 하고 있다. 우리는 몸을 단단하게 하기 전에 의식부터 단단해져야 한다. 대다수 부모의 의식이 운동보다는 공부에 너무 치우쳐져 있다. 아이들이 무엇을 좋아하는지보다 어떤 공부를 빨리 시켜야 할지 고민한다. 하지만 우리는 아이들의 몸과 마음을 단단하게 하는 것이 먼저다.

평범한 아이들은 체력이 강한 상태가 아니다. 그런 전제조건을 알고 운동을 시작해야 한다. 부모들은 아이가 운동을 시작하고 집에 들어오면 아무것도 못 하고 잔다고 한다. 그러면서 걱정이 되어 나에게 전화를 한다. 하지만 사실 이런 것은 굉장히 당연한 현상이다. 사람들이 운동을 하는 이유 중 하나는 수면을 잘 취하기 위해서인 것도 있기 때문이다. 운동을 통해서 몸을 피로하게 만들어 휴식으로 회복하는 시간을 가지게 된다. 휴식은 잠이다. 잠이 오는 것은 굉장히 좋은 현상이다.

운동은 아이들에게 도전 정신을 키워주는 가장 좋은 방법이다. 도전은 성공으로만 끝나는 것이 아니라 실패로 끝나는 경우도 많다. 실패로 인한 마음을 어떻게 회복하느냐에 따라 더 성장하느냐, 못하느냐가 결정된다. 실패는 다시 일어나야 하는 이유 중 하나다. 장애물은 피하는 것이 아니라 넘어야 하는 과정이다. 이런 과정들이 쌓여 우리는 성장한다. 그래서 나는 오늘도 도전하면서 아이들과 같이 성장해나가고 있다. 부족한 것은 채우면서 나가면 된다. 나는 오늘도 나를 가치 있는 사람으로 만들기 위해서 노력한다. 아이들에게 가치 있게 살라고 말만 하는 것보다 내가 먼저 가치 있는 사람이라는 것을 보여주는 것이 아이들과의 신뢰를 쌓아 아이들을 변화시킬 수 있기 때문이다.

이 책은 나의 첫 번째 책이자 내 삶의 동반자다. 힘든 하루에도 글을 쓰는 시간은 행복했다. 나의 한계를 뛰어넘는 시간이었다. 그리고 나를 성장시키는 계기가 되었다. 아이들을 성장시키기 위해 시작했지만, 나를 성장시킬 수 있었다. 우리는 운동을 통해 아이들을 만난다. 앞으로 어떤 아이들이 나를 거쳐갈지 모르지만, 나를 거쳐가는 아이들은 성공하는 삶을 살 것이다.

우리는 일상의 작은 일들을 그냥 지나친다. 그런 작은 일을 소중하게 생각하고, 작은 일에 최선을 다한다면 변화는 시작될 것이다. 내가 그 시작이고, 그 과정은 아름다울 것이다.

# 단단한 아이로 자라게 하는 운동 습관

제1판 1쇄 | 2021년 7월 21일

지은이 | 송준천
펴낸이 | 윤성민
펴낸곳 | 한국경제신문*i*
기획제작 | (주)두드림미디어
책임편집 | 최윤경    디자인 | 얼앤똘비악earl_tolbiac@naver.com

주소 | 서울특별시 중구 청파로 463
기획출판팀 | 02-333-3577
E-mail | dodreamedia@naver.com
등록 | 제 2-315(1967. 5. 15)

ISBN  978-89-475-4729-1 (03590)

**책 내용에 관한 궁금증은 표지 앞날개에 있는 저자의 이메일이나
저자의 각종 SNS 연락처로 문의해주시길 바랍니다.**

책값은 뒤표지에 있습니다.
잘못 만들어진 책은 구입처에서 바꿔드립니다.